城市社会服务设施规划手册

王新哲 黄建中 主编

中国建筑工业出版社

图书在版编目（CIP）数据

城市社会服务设施规划手册/王新哲，黄建中主编.—北京：中国建筑工业出版社，2010.12
ISBN 978-7-112-12774-0

Ⅰ.①城… Ⅱ.①王…②黄… Ⅲ.①城市公用设施-规划-手册 Ⅳ.①TU998-62

中国版本图书馆 CIP 数据核字（2010）第 254932 号

责任编辑：杨 虹
责任设计：赵明霞
责任校对：姜小莲 赵 颖

城市社会服务设施规划手册
王新哲 黄建中 主编
*
中国建筑工业出版社出版、发行（北京西郊百万庄）
各地新华书店、建筑书店经销
北京嘉泰利德公司制版
北京建筑工业印刷厂印刷
*
开本：787×960 毫米 1/16 印张：14¾ 字数：380 千字
2011 年 5 月第一版 2011 年 5 月第一次印刷
定价：**38.00** 元
ISBN 978-7-112-12774-0
(20053)

版权所有 翻印必究
如有印装质量问题，可寄本社退换
（邮政编码 100037）

《城市社会服务设施规划手册》
编制人员

主　　编　王新哲　黄建中
参编人员（以姓氏笔画为序）：
　　　　　王新哲　王　颖　付志伟　刘振宇
　　　　　刘　晓　肖　勤　张　乔　邵　华
　　　　　陆潇潇　陈　进　陈懿慧　金　荻
　　　　　姚　凯　贾　旭　黄建中　黄淑琳
　　　　　裴新生

前言

城市基础设施（urban infrastructure）是城市生存和发展所必须具备的工程性基础设施和社会性基础设施的总称（《城市规划基本术语标准》（GB/T 50280—98）），是保障城市社会、经济系统和谐发展的重要保障，它的结构、数量和服务水平已经成为衡量城市可持续发展的重要因素。

创建"以人为本"的和谐社会是我国新时期发展的战略主导，《中共中央关于制定国民经济和社会发展第十一个五年规划的建议》明确提出，构建和谐社会是未来五年我国经济社会发展的主要目标之一；在此基础上，党的十六届六中全会对构建和谐社会提出了具体目标和任务，作为和谐社会发展的基础与保证——城乡公共设施建设正在进入全面、快速发展的新阶段。科学合理配置各类公共服务设施，努力营造设施完善、安居乐业的生活环境，成为构建社会主义和谐社会的基本保障。

新时期城市规划的法制化、规范化得到重视，新的《城市规划编制办法》更是明确了城市规划是政府调控城市空间资源、指导城乡发展与建设、维护社会公平、保障公共安全和公众利益的重要公共政策之一。《城乡规划法》明确了城乡规划确定的铁路、公路、港口、机场、道路、绿地、输配电设施及输电线路走廊、通信设施、广播电视设施、管道设施、河道、水库、水源地、自然保护区、防汛通道、消防通道、核电站、垃圾填埋场及焚烧厂、污水处理厂和公共服务设施的用地以及其他需要依法保护的用地，禁止擅自改变用途。要求在规划的制定阶段要科学、规范地划定各类公共服务设施用地。同时应减少公共设施项目建设审查、审批的主观性，使社会事业和公共服务的供给更加科学合理，同时对借社会事业规划、布局和建设搞形象工程、权力规划，造成土地浪费的行为进行限制与约束。

各类基础设施的布局正成为各阶段城乡规划的重点，由于各类基础设施涉及面广，规划设计、管理人员无法对基础设施的标准、布局进行全面了解。而有关法律、规范内容繁杂，专业性强，检索困难。迫切需要一部适合的工具书。本书梳理各类法律、规章、规范、文件中关于城市基础设施的分类、内部构成、设置标准、选址与防护要求的规定，整理形成城市基础设施规划设计手册，可作为城市规划设计、管理、教学的工具书。

按照《城市规划基本术语标准》（GB/T 50280—98），基础设施分为工程性基础设施和社会性基础设施，技术性基础设施由于管理和用地分类的习惯，又分为交通基础设施和市政基础设施。由此将城市基础设施分为城市社会服务设施、城市交通设施、城市市政基础设施三个分册。另将镇、乡村设施单独成册。

各基础设施的规定按照以下原则进行摘录：

（1）检索范围：包括现行法律、条例、国家规范、行业标准、建设标准、国务院及各部委文件等。

（2）条目编排：为保证法规的完整性及方便使用者检索原文件，本书以完整的条目进行摘录（部分条目因其他规定较多，删减了部分子条目），并保留原编号。在每一个基础设施中对于相关规范的编号（无编号的标示批准文号）、批准部门、实施日期进行罗列。

（3）法规中不合理的规定的处理：本书选取的法规一律以现行法规为准。对于已不符合现实状况的规定，除已完全取消部分，如对于电报局的规定，本书没有收录外，其他条目仍然进行收录，供读者参考。

（4）不同法规中相互重复和矛盾的处理：由于现行的工程建设规范、标准，一般是根据当时的实际情况、科学水平独立确定的，不同时代、不同部门制定的标准规范之间不同程度地存在着不协调、相互重复和矛盾的问题。对于不同规范之间相互重复的条款，本书在正文中摘录实施日期较晚的法规、标准，其他法规、标准在注释中标示"××规范××条款有相同规定"。对于不同规范之间相互矛盾的条款，本书按照以下三种情况处理：

● 表达内容相同，仅文字表述略有不同的，摘录实施日期较晚的法规、标准，其他法规在注释中标示"××规范××条款有相似规定"。

● 少量指标不同的，摘录实施日期较晚的法规、标准，其他法规在注释中标示"××规范××条款规定为××"。

● 大部分规定不同的，分别进行摘录，并在注释中标示"××规范××条款有不同规定"。

由于基础设施涉及面广，书中难免有不妥之处，敬请指正。

资料截至时间为2009年1月1日。

手册使用说明

设施名称

设施的名称。由于设施的名称来源于各个法律、法规、标准，难免在分类标准上不一致，本书尽量不作拆分与合并，保持法律、法规、标准的原真性。

名称解释

相关法规、标准中对于设施名称的解释。其出处在条文结尾处的括号内标示。

相关规范

对于所引用的法规、标准的索引。

编号或文号：对所引用的除法律外的规章、标准标示的编号，部分标准无编号，在本书中标示其公布时的文号。

批准/发布部门：所引用法规、标准的批准/发布部门。[①]

实施日期：所引用法规、标准的实施日期，部分规章、标准无特别标示的实施日期，以发布日期作为实施日期。

分类

对于设施的分级与分类。部分设施的分级与分类无单独条文，本书在引用时将"分类"条目并入"设置规定与建设标准"中。

内部构成

设施内部的建筑和用地的构成。

设置规定与建设标准

设施设置和建设标准的规定。

选址与防护要求

设施选址的防护要求的规定。

[①] 根据《中华人民共和国标准化法实施条例》（1990年4月6日发布实施）第十二条，工程建设、药品、食品卫生、兽药、环境保护的国家标准，分别由国务院工程建设主管部门、卫生主管部门、农业主管部门、环境保护主管部门组织草拟、审批；其编号、发布办法由国务院标准化行政主管部门会同国务院有关行政主管部门制定。通常情况下，这几种国家标准是由国务院有关行政主管部门审批，由国务院标准化行政主管部门会同国务院有关行政主管部门联合发布。本书所引用的国家标准大部分为这几类，所以批准部门为国务院有关行政主管部门。其他的国家标准的批准部门为其发布部门，即国务院标准化行政主管部门。

目录

党政机关 …………………………………………………… 001
法　庭 ……………………………………………………… 004
人民检察院 ………………………………………………… 008
公安派出所 ………………………………………………… 012
街道办事处 ………………………………………………… 015
居委会 ……………………………………………………… 016
档案馆 ……………………………………………………… 017
出入境边防检查 …………………………………………… 023
物流园区 …………………………………………………… 025
商品流通设施 ……………………………………………… 028
农副产品批发市场 ………………………………………… 030
零售商店 …………………………………………………… 034
社区商业 …………………………………………………… 040
旅游饭店 …………………………………………………… 043
广播电视中心 ……………………………………………… 059
公共图书馆 ………………………………………………… 064
文化馆 ……………………………………………………… 070
科学技术馆 ………………………………………………… 073
文化活动站 ………………………………………………… 076
老年活动中心 ……………………………………………… 078
老年学校 …………………………………………………… 081
电影院 ……………………………………………………… 084

体育场	086
体育馆	092
游泳设施	096
射击场	100
社区体育设施	103
综合医院	110
中医医院	114
社区卫生服务中心（站）	118
大　学	122
普通中等专业学校	130
技工学校	134
高级技工学校	135
高等职业学校	136
残疾人中等职业学校	137
中小学	139
盲学校	145
聋学校	150
弱智学校	153
幼儿园、托儿所	156
儿童福利机构	160
流浪未成年人救助保护中心	163
老年公寓	166
老人护理院	169
托老所	172
养老院	175
老年服务中心	178
残疾人康复中心	181
拘留所	183
看守所	185
监　狱	189
劳教所	192

刑　场 ··	195
强制戒毒所 ··	197
文物保护单位 ··	201
公　园 ··	204
林木种苗工程 ··	209
风景名胜区 ··	214
附录一　城市社会服务设施拼音索引 ································	217
附录二　城市社会服务设施规划手册相关规范索引 ············	219

党政机关

■ 相关规范

名称	编号或文号	批准/发布部门	实施日期
党政机关办公用房建设标准	计投资［1999］2250号	国家发展计划委员会	1999年12月21日

■ 分类

党政机关办公用房建设标准　计投资［1999］2250号

第十条　党政机关办公用房建设等级分为三级：

一级办公用房，适用于中央部（委）级机关、省（自治区、直辖市）级机关，以及相当于该级别的其他机关。

二级办公用房，适用于市（地、州、盟）级机关，以及相当于该级别的其他机关。

三级办公用房，适用于县（市、旗）级机关，以及相当于该级别的其他机关。

■ 设置规定与建设标准

党政机关办公用房建设标准　计投资［1999］2250号

第十二条　各级党政机关办公用房人均建筑面积指标应按下列规定执行：

一级办公用房，编制定员每人平均建筑面积为 26～30m^2，使用面积为 16～19m^2；编制定员超过400人时，应取下限。

二级办公用房，编制定员每人平均建筑面积为 20～24m^2，使用面积为 12～15m^2；编制定员超过200人时，应取下限。

三级办公用房，编制定员每人平均建筑面积为 16～18m^2，使用面积为 10～12m^2；编制定员超过100人时，应取下限。

寒冷地区办公用房、高层建筑办公用房的人均面积指标可采用使用面积指标控制。

第十三条 各级工作人员办公室的使用面积，不应超过下列规定：

一、中央机关：

正部级：每人使用面积54m²。

副部级：每人使用面积42m²。

正司（局）级：每人使用面积24m²。

副司（局）级：每人使用面积18m²。

处级：每人使用面积9m²。

处级以下：每人使用面积6m²。

二、地方机关

（一）省级及直属机关

省（自治区、直辖市）级正职：每人使用面积54m²。

省（自治区、直辖市）级副职：每人使用面积42m²。

直属机关正厅（局）级：每人使用面积24m²。

副厅（局）级：每人使用面积18m²。

处级：每人使用面积12m²。

处级以下：每人使用面积6m²。

（二）市（地、州、盟）级及直属机关

市（地、州、盟）级正职：每人使用面积32m²。

市（地、州、盟）级副职：每人使用面积18m²。

直属机关局（处）级：每人使用面积12m²。

局（处）级以下：每人使用面积6m²。

（三）县（市、旗）级及直属机关

县（市、旗）级正职：每人使用面积20m²。

县（市、旗）级副职：每人使用面积12m²。

直属机关科级：每人使用面积9m²。

科级以下：每人使用面积6m²。

第十四条 本建设标准第十二条中各级办公用房人均建筑面积指标，未包括独立变配电室、锅炉房、食堂、汽车库、人防设施和警卫用房的面积。

需要建设独立变配电室、锅炉房、食堂等设施，应按办公用房需要进行配置。警卫用房的建设应按国家有关规定执行。

第十九条 党政机关办公用房的建设应节约用地，所需建设用地面积应根据当地城市规划确定的建筑容积率进行核算。

■ 选址与防护范围要求

党政机关办公用房建设标准　计投资［1999］2250 号

　　第十八条　党政机关办公用房的建设地点应选择在交通便捷、环境适宜、公共服务设施条件较好、有利于安全保卫和远离污染源的地点，应避免建设在工业区、商业区、居民区。

法 庭

■ 相关规范

名称	编号或文号	批准/发布部门	实施日期
人民法院法庭建设标准	建标〔2002〕259号	建设部 国家发展计划委员会	2003年1月1日

■ 分类

人民法院法庭建设标准　建标〔2002〕259号

条文说明　第一条（节选）

本建设标准中的"人民法院法庭建设"是指各级人民法院审判法庭和人民法庭的建设，简称"两庭"建设。

人民法院审判法庭，是人民法院行使国家审判权依法审理各类案件的法定场所，是检察官、当事人、律师和其他诉讼参与人进行诉讼活动，以及公民旁听案件审理、接受法制教育的公共设施，是保障审判活动顺利进行的必需的物质条件。

人民法庭，是基层人民法院的派出机构和组成部分。

■ 内部构成

人民法院法庭建设标准　建标〔2002〕259号

第九条　人民法院法庭建设项目由房屋建筑、场地和法庭装备三部分组成。

第十条　人民法院审判法庭房屋建筑由立案用房、审判用房、执行用房、审判配套用房、辅助用房等组成。

立案用房包括：当事人接待室、诉前调解室、立案登记室、诉讼收费室、法律服务室、法律资料查询室、法警值班室等。

审判用房包括：大法庭、中法庭、小法庭、独任法庭、合议室、法官更衣室、审委会评案室、诉讼调解室、听证室、证据交换室等。

执行用房包括：执行工作室、执行物保管室等。

审判配套用房包括：候审大厅、陪审员室、公诉人室、律师室、证人室、鉴定人室、翻译室、刑事被告人候审室、法警值庭室、羁押室、法庭设备中心控制室、音像资料编辑室、阅卷室、案卷档案室、信访接待室等。

辅助用房包括：新闻发布室、新闻记者工作室、外宾会见室、法律文书文印室、审判业务资料室、证物存放室、赃物库房、枪械库、法庭抢救室、业务用车车库、公共服务及设备用房等。

第十一条　人民法庭房屋建筑用房由审判工作用房、办公用房、附属用房、生活用房等组成。

审判工作用房包括：当事人接待室、立案室、中法庭、小法庭、合议室、调解室、陪审员室、律师室、法警值班室、法律文书文印室、审判业务资料室、案卷存放室、执行物保管室等。

办公用房包括：办公室、会议室等。

附属用房包括：车库、库房等。

生活用房包括：驻庭宿舍、食堂、活动室等。

第十二条　人民法院法庭的场地由人员集散场地、停车场地、绿地等组成。

■ 设置规定与建设标准

人民法院法庭建设标准　建标［2002］259号

第十四条　人民法院审判法庭建设规模，根据高级人民法院、中级人民法院、基层人民法院审理案件的数量分为三类。

法院审理案件的数量，应以工程立项上年审理案件数为基础，依据前5年审理案件平均增长情况推算出的5年后可能达到的年审理案件数为标准确定。

第十五条　高级人民法院：年审理案件2500~3500件的，执行一类标准；年审理案件1500~2500件的，执行二类标准；年审理案件在1500件以下的，执行三类标准。

直辖市高级人民法院执行一类标准。

高级人民法院审判法庭建筑面积指标应符合表1的规定。

高级人民法院审判法庭功能性用房建筑面积指标表（单位：m^2）　　表1

指标 项目	面积指标		
	一类	二类	三类
立案用房	630	600	570
审判用房	7780~10420	6180~8550	4420~6380
执行用房	400	320	250

续表

指标 项目	面积指标		
	一类	二类	三类
审判配套用房	3310~3770	2460~2770	1430~1740
辅助用房	2260~2470	2000~2190	1570~1730
合计	14380~17690	11560~14430	8240~10670

注：1. 表列各类用房指标分配见附录一；（附录详见标准原文）
　　2. 在同类标准中，案件数量或辖区人口多的法院按标准上限执行；案件数量或辖区人口少的法院按标准下限执行。

第十六条　中级人民法院：年审理案件4000~8000件的，执行一类标准；年审理案件2000~4000件的，执行二类标准；年审理案件在2000件以下的，执行三类标准。

省会、自治区首府、直辖市、计划单列市的中级人民法院，执行一类标准。

中级人民法院审判法庭建筑面积指标应符合表2的规定。

中级人民法院审判法庭功能性用房建筑面积指标表（单位：m^2）　　表2

指标 项目	面积指标		
	一类	二类	三类
立案用房	660	570	350
审判用房	9600~11900	7200~9200	4580~6270
执行用房	370	280	140
审判配套用房	3480~3940	2420~2720	1170~1480
辅助用房	1890~2070	1330~1490	810~940
合计	16000~18940	11800~14260	7050~9180

注：1. 表列各类用房指标分配见附录二；（附录详见标准原文）
　　2. 在同类标准中，案件数量或辖区人口多的法院按标准上限执行；案件数量或辖区人口少的法院按标准下限执行。

第十七条　基层人民法院：年审理案件3000~8000件的，执行一类标准；年审理案件1000~3000件的，执行二类标准；年审理案件在1000件以下的，执行三类标准。

省会、自治区首府、计划单列市的基层人民法院，执行一类标准。

直辖市市区基层人民法院，可执行中级人民法院标准。

基层人民法院审判法庭建筑面积指标应符合表3的规定。

基层人民法院审判法庭功能性用房建筑面积指标表（单位：m²）　　表3

项目\指标	面积指标		
	一类	二类	三类
立案用房	460	350	230
审判用房	5950~6830	4530~5220	3250~3770
执行用房	280	220	110
审判配套用房	1880~2030	1420~1570	830~980
辅助用房	1010~1090	800~860	590~630
合计	9580~10690	7320~8220	5010~5720

注：1. 表列各类用房指标分配见附录三；（附录详见标准原文）

　　2. 在同类标准中，案件数量或辖区人口多的法院按标准上限执行；案件数量或辖区人口少的法院按标准下限执行。

第十八条　人民法庭房屋建筑规模根据人员定员数分为两类。人员定员数在8人（含）以上执行一类标准，人员定员数在7人（含）以下执行二类标准。

人民法庭用房建筑面积指标应符合表4的规定。

人民法庭功能性用房建筑面积指标表（单位：m²）　　表4

项目\指标	面积指标	
	一类	二类
审判工作用房	930	480
办公用房	140~360	70~130
附属用房	190	100
生活用房	240~410	140~200
合计	1500~1890	790~910

注：1. 表中各类指标分配见附录四；（附录详见标准原文）

　　2. 在同类标准中，案件数量或辖区人口多的人民法庭按标准上限执行；案件数量或辖区人口少的人民法庭按标准下限执行。

第十九条　年审理案件数超过一类标准上限规定的法院，应向上一级政府计划部门单独报批。其审判法庭建设规模，可在该级一类面积标准的基础上适当增加，但不得超过一类标准面积指标上限的30%。

第二十条　人民法院法庭应有室外集散场地，可根据诉讼参与人和旁听人员数量的多少，参照相关公共场所标准确定场地面积。

人民法院业务用车停车场地，按照《最高人民法院关于人民法院业务用车编制意见》的规定，及当地规划部门制定的停车数量标准确定场地面积。

人民法院法庭建设用地绿化面积指标，不应低于当地规划部门的规定。

人民检察院

■ 相关规范

名称	编号或文号	批准/发布部门	实施日期
人民检察院办案用房和专业技术用房建设标准	建标〔2002〕109号	建设部 国家发展和改革委员会	2002年6月1日

■ 分类

人民检察院办案用房和专业技术用房
建设标准 建标〔2002〕109号

第十二条 人民检察院办案用房和专业技术用房的建设等级分为三级：

一级办案用房和专业技术用房，适用于省（自治区、直辖市）级人民检察院。

二级办案用房和专业技术用房，适用于市（地、州、盟）级以及相当于该级别的人民检察院。

三级办案用房和专业技术用房，适用于县（市、旗）级以及相当于该级别的人民检察院。

■ 内部构成

人民检察院办案用房和专业技术用房建设标准 建标〔2002〕109号

第十三条 人民检察院办案用房的内容如下：

一、控告接待用房，包括来访等候室、来访接待室、举报等候室、举报接待室、检察长接待室、案件研讨室。

二、申诉接待用房，包括申诉等候室、申诉接待室、赔偿接待室、案件研讨室。

三、询问用房，包括证人被害人询问室、自侦案件初查询问室、民事案件审查听证室、刑事申诉案件听证室。

四、侦查监督用房，包括讯问室、主办检察官研讨室。

五、审查起诉用房，包括刑事案件审查室、讯问室、主诉检察官研讨室、模拟法庭。

六、律师用房，包括律师阅卷室、律师接待室、复印室。

七、自侦案件讯问用房，包括贪污贿赂案件讯问室、贪污贿赂案件暂押室、渎职侵权案件讯问室、渎职侵权案件暂押室、办案人员休息室、主办检察官研讨室、接待室。

八、刑罚执行监督用房，包括案件审理室、主办检察官研讨室。

九、监控用房，包括监听室、监视室、领导指导室。

十、侦查指挥用房，包括通讯联络中心、侦缉追捕指挥中心。

十一、检察委员会用房，包括会议室、候会室。

十二、信息通讯中心用房，包括计算机房、多媒体示证制作室、消耗材料储存室、资料室。

十三、赃证物保管用房，包括贵重物品保管室、一般物品保管室。

十四、枪弹保管用房，包括枪支保管室、弹药保管室、警械具保管室。

十五、服装保管用房，包括检察服装保管室、法警服装保管室。

十六、诉讼案件档案用房，包括文书档案室、音像档案室、阅档室。

第十四条　人民检察院专业技术用房的内容如下：

一、化验用房，包括普通化验室、毒物化验室、万能显微镜室、试剂存放室、辨认室、专家鉴评室。

二、文检用房，包括文检检查室、文检资料室、紫外光谱室、红外光谱室、色谱室。

三、痕检用房，包括痕迹检验室、指纹检验室、红外线检验室、紫外线检验室、痕检资料室、测谎检查室。

四、法医鉴定用房，包括物证检验室、活体检验室、脑干电检测定室、电测听室、声阻抗室、眼底照相室。

五、解剖用房，包括解剖室、X光照相室、病理切片制作室、尸体存放室、标本室。

六、司法会计用房，包括审查鉴定室、文档保管室。

七、计算机犯罪检验鉴定用房。

八、录像资料检验用房，包括工作间、小型录像播放厅。

九、录音资料检验用房，包括录音室、控制室、资料室。

十、照相用房，包括照相制作室、照相资料室。

■ 设置规定与建设标准

人民检察院办案用房和专业技术用房建设标准　建标［2002］109号

第十五条　人民检察院办案用房和专业技术用房的建筑面积指标应按下列规定

执行：

一级办案用房和专业技术用房，编制定员每人平均建筑面积为 20~30m²。
二级办案用房和专业技术用房，编制定员每人平均建筑面积为 25~36m²。
三级办案用房和专业技术用房，编制定员每人平均建筑面积为 30~42m²。

各级检察院办案用房和专业技术用房的具体内容和使用面积指标按照本建设标准附表确定。直辖市、计划单列市、省会城市及其他经济特别发达、业务量特别大的地区各级检察院，确需突破本建设标准规定指标的，应向政府计划部门单独报批。编制定员人数不足 20 人的检察院，按照 20 人的标准执行。

第十六条　人民检察院在办案用房和专业技术用房建设中，需要建设相对独立的变配电室、锅炉房、汽车库和警卫用房、值班用房等附属设施的，应结合办公用房附属设施的建设情况和业务工作需要进行配置。

第十七条　人民检察院办案用房和专业技术用房的建设规模，应根据批准的编制定员人数，对照本建设标准规定的建设等级，按每人平均建筑面积指标乘以编制定员人数，并加上第十六条中需要设置的附属用房建筑面积计算总建筑面积。

第十九条　人民检察院办案用房和专业技术用房的建设应节约用地，所需建设用地面积应根据当地城市规划确定的建筑容积率进行核算。

第二十条　人民检察院办案用房和专业技术用房的建设，应符合当地城市有关基地绿化面积指标的规定。

第二十一条　最高人民检察院办案用房和专业技术用房建设标准，根据需要单独审批和核定。

一级检察办案用房基本使用面积指标（节选）　　　　　　　　　　　　附表1

种类	面积（m²）
合计	2740~3940

一级检察专业技术用房基本使用面积指标（节选）　　　　　　　　　　附表2

种类	面积（m²）
合计	1360~2070

二级检察办案用房基本使用面积指标（节选）　　　　　　　　　　　　附表3

种类	面积（m²）
合计	1450~2040

二级检察专业技术用房基本使用面积指标（节选）　　附表4

种类	面积（m²）
合计	585~860

三级检察办案用房基本使用面积指标（节选）　　附表5

种类	面积（m²）
合计	835~1170

三级检察专业技术用房基本使用面积指标（节选）　　附表6

种类	面积（m²）
合计	375~530

■ 选址与防护范围要求

人民检察院办案用房和专业技术用房建设标准　建标［2002］109号

第十八条　人民检察院办案用房和专业技术用房建设的选址应与办公用房建设的选址统筹进行。各类用房的设置应考虑其特殊性质和用途，按照安全保密、因地制宜、有利工作、方便群众的原则进行。

公安派出所

■ 相关规范

名称	编号或文号	批准/发布部门	实施日期
城市居住区规划设计规范（2002年版）	GB 50180—93	建设部	2002年4月1日
公安派出所建设标准	建标〔2007〕165号	建设部 国家发展和改革委员会	2007年10月1日

■ 分类

公安派出所建设标准　建标〔2007〕165号

第八条　公安派出所的建设标准根据编制定员人数分为五类：

公安派出所分类表　　　　　　　　　　　表1

类别	核定民警编制人数（人）
一类	51以上
二类	31~50
三类	21~30
四类	11~20
五类	5~10

■ 设置规定与建设标准

公安派出所建设标准　建标〔2007〕165号

第十四条　公安派出所的建设，应当综合考虑辖区面积、管辖人口及其分布、社会治安状况、地理环境等因素，既要方便群众，又要便于工作，统筹安排，合理布局。

第十六条　公安派出所应尽可能单独建设，宜建低层、多层建筑。农村地区的公安派出所应当建在乡镇政府所在地；受条件所限需与其他建筑合建的，公安派出所部分宜安排在该建筑的 3 层以下，并单独分区，具有独立的竖向交通、平面交通、场地及出入口。

第十八条　公安派出所建筑面积指标宜按下表确定：

公安派出所房屋基本建筑面积指标　　　　　　　　　　　表 2

类别	建筑面积（m²）
一类	1600（每增加 1 人增加 32m²）
二类	1180~1550
三类	870~1130
四类	555~820
五类	260~470

注：1. 地处农村的公安派出所建筑面积按每人增加 12m² 计算；
　　2. 以上建筑面积以墙厚 240mm 计算，寒冷和严寒地区公安派出所建筑面积指标，可根据实际墙厚增加。

第三十三条　公安派出所的建设所需用地面积应当根据当地行政规划主管部门确定的建筑容积率进行核算。

第三十四条　有条件设置警用训练场的，训练场地用地面积宜为 400~600m²。

第三十五条　公安派出所的停车场地面积，按照《公安派出所装备配备标准》（公装财〔2002〕65 号）及当地规划行政主管部门规定的停车数量标准确定。

第三十六条　公安派出所的绿化面积指标，应当符合当地规划行政主管部门的规定。

城市居住区规划设计规范　GB 50180—93

公共服务设施各项目的设置规定（节选）　　　　　　附表 A.0.3

项目名称	服务内容	设置规定	每处一般规模	
			建筑面积（m²）	用地面积（m²）
（48）派出所	户籍治安管理	3 万~5 万人设一处；应有独立院落	700~1000	600

■ 选址及安全防护：

公安派出所建设标准　建标〔2007〕165 号

第十五条　公安派出所的选址，应当符合下列要求：

（一）在辖区中心区域且交通便捷的地方，至少有一面临靠道路。
（二）工程水文地质条件较好。
（三）具备较好的自身安全防卫条件。
（四）宜有较好的市政设施条件。

街道办事处

■ 相关规范

名称	编号或文号	批准/发布部门	实施日期
街道办事处组织条例[①]		全国人大常委会	1954年12月31日
城市居住区规划设计规范（2002年版）	GB 50180—93	建设部	2002年4月1日

■ 设置规定与建设标准

街道办事处组织条例

第二条 10万人口以上的市辖区和不设区的市，应当设立街道办事处；10万人口以下5万人口以上的市辖区和不设区的市，如果工作确实需要，也可以设立街道办事处；5万人口以下的市辖区和不设区的市，一般地不设立街道办事处。

城市居住区规划设计规范 GB 50180—93

公共服务设施各项目的设置规定（节选）　　附表 A.0.3

项目名称	服务内容	设置规定	每处一般规模	
			建筑面积（m²）	用地面积（m²）
（46）街道办事处	—	3～5万人设一处	700～1200	300～500

[①] 《街道办事处组织条例》已于2009年6月27日被废止。

居委会

■ 相关规范

名称	编号或文号	批准/发布部门	实施日期
中华人民共和国城市居民委员会组织法		全国人大常委会	1990年1月1日
城市居住区规划设计规范（2002年版）	GB 50180—93	建设部	2002年4月1日

■ 设置规定与建设标准

中华人民共和国城市居民委员会组织法

第二条　居民委员会是居民自我管理、自我教育、自我服务的基层群众性自治组织。

不设区的市、市辖区的人民政府或者它的派出机关对居民委员会的工作给予指导、支持和帮助。居民委员会协助不设区的市、市辖区的人民政府或者它的派出机关开展工作。

第六条　居民委员会根据居民居住状况，按照便于居民自治的原则，一般在一百户至七百户的范围内设立。

居民委员会的设立、撤销、规模调整，由不设区的市、市辖区的人民政府决定。

城市居住区规划设计规范　GB 50180—93

公共服务设施各项目的设置规定（节选）　　附表 A.0.3

项目名称	服务内容	设置规定	每处一般规模	
			建筑面积（m^2）	用地面积（m^2）
(30) 居（里）委会（社区用房）	—	300~1000户设一处	30~50	—

档案馆

第2.0.1条 档案馆 Archives
收集、保管、提供利用档案资料的基地和信息中心。(档案馆建筑设计规范)

■ 相关规范

名称	编号或文号	批准/发布部门	实施日期
档案馆建筑设计规范	JGJ 25—2000	建设部 国家档案局	2000年6月1日
档案馆建设标准	建标 103—2008	建设部 国家发展和改革委员会	2008年7月1日

■ 分类

档案馆建筑设计规范 JGJ 25—2000

第1.0.3条 档案馆分特级、甲级、乙级三个等级。不同等级档案馆设计的耐火等级要求及适用范围应符合表1.0.3的规定。

档案馆等级与耐火等级要求及适用范围   表1.0.3

等级	特级	甲级	乙级
耐火等级	一级	一级	二级
适用范围	中央国家级档案馆	省、自治区、直辖市、计划单列市档案馆	地(市)级及县(市)档案馆

档案馆建设标准 建标 103—2008

第九条 档案馆建设规模按行政区划分级,以应保存的馆藏档案数量为基本依据分类,参照辖区人口数量并综合辖区经济、地理等因素合理确定。

馆藏档案数量是指现存和今后30年应进馆档案、资料的数量之和。

档案馆建设按照省、市、县三级作如下分类:

级别	类次	馆藏档案数量
省级	一类	90万卷以上
省级	二类	70~90万卷
省级	三类	70万卷以下
市级	一类	40万卷以上
市级	二类	30~40万卷
市级	三类	30万卷以下
县级	一类	20万卷以上
县级	二类	10~20万卷
县级	三类	10万卷以下

■ 内部构成

档案馆建设标准　建标 103—2008

第十一条　档案馆建设项目由房屋建筑、场地和档案馆专用设施组成。

第十二条　档案馆房屋建筑由档案库房、对外服务用房、档案业务和技术用房、办公室用房等主要功能用房和附属用房及建筑设备组成。

第十三条　档案库房由纸质档案库、音像档案库、光盘库、缩微拷贝片库、母片库、珍藏库、实物档案库、图书资料库、其他特殊载体档案库和过渡间组成。

省级档案馆需设置异地备份库时，应根据备份档案数量参照本标准执行，其建筑面积不计入本标准。

第十四条　对外服务用房由服务大厅（含门厅、寄存处、饮水处等）、接待室、查阅登记室、目录室、开放档案阅览室、未开放档案阅览室、缩微档案阅览室、音像档案阅览室、现行文件阅览室、现行文件保管室、展览厅、报告厅、对外利用复印室和利用者休息室、餐厅、公共卫生间组成。

第十五条　档案业务和技术用房由中心控制室、接收档案用房、整理编目用房、保护技术用房、翻拍洗印用房、缩微技术用房、信息化技术用房组成。

接收档案用房由接收室、除尘室、消毒室组成。

整理编目用房由整理室、编目室、修史编志室、展览加工制作室、出版发行室组成。

保护技术用房由去酸室、理化试验室、档案有害生物防治室、档案保护静电复印室、裱糊修复室、装订室、仿真复制室、音像档案处理室组成。

翻拍洗印用房由翻拍室、冲洗室、印像放大室、水洗烘干室、翻版胶印室组成。

缩微技术用房由资料编排室、缩微摄影室（分大型机室和小型机室）、冲洗处理室、配药和化验室、质量检测室、校对编目室、拷贝复印室、放大还原室和备品库组成。

信息化技术用房由服务器机房、计算机房、电子档案接收室、电子文件采集室、数字化用房组成。数字化用房由档案前期处理室、纸质档案扫描室、其他载体档案数字化室、数字化质量检测室、档案中转室组成。

第十七条　附属用房及建筑设备包括警卫室、车库、卫生间、浴室、医务室和变配电室、水泵房、水箱间、锅炉房、电梯机房、制冷机房、通信机房、消防用房、安防用房等各类设备用房及相应的建筑设备。

第十八条　档案馆场地主要由人员集散场地、道路、停车场和绿化用地等组成。

第十九条　档案馆专用设施主要包括档案专用运输设备、档案装具、档案保护技术设备、缩微设备、专用信息化设备。

■ 设置规定与建设标准

档案馆建设标准　建标103—2008

第二十条　档案馆房屋建筑面积指标按照不同级别和类型予以确定。

第二十一条　省级档案馆建筑面积指标应符合表1的规定。

省级档案馆建筑面积指标（单位：m²）　　　　表1

面积指标 项目	一类	二类	三类
档案库房	5500~6800	4300~5500	3000~4300
对外服务用房	5500~6500	4600~5500	3700~4600
档案业务和技术用房	6500~7400	5500~6500	4600~5500
办公室用房	1500~1700	1200~1500	900~1200
附属用房	1900~2200	1600~1900	1200~1600
总计	20900~24600	17200~20900	13400~17200

注：表列各类用房指标分配见附录一，使用系数为0.7（附录详见标准原文）。

馆藏档案数量超过110万卷的省级档案馆，档案库房面积指标可在省级一类的基础上，按照本标准的计算方法等比增加。寒冷和严寒地区的总面积指标可以在原来基础上增加 4%~6%。

第二十二条 市级档案馆建筑面积指标应符合表 2 的规定。

市级档案馆建筑面积指标（单位：m²） 表 2

面积指标 项目	一类	二类	三类
档案库房	3100~3800	2300~3100	1500~2300
对外服务用房	2800~3200	2300~2800	1800~2300
档案业务和技术用房	3200~3700	2800~3200	2300~2800
办公室用房	700~900	600~700	400~600
附属用房	1000~1200	800~1000	600~800
总计	10800~12800	8800~10800	6600~8800

注：表列各类用房指标分配见附录二，使用系数为 0.7（附录详见标准原文）。

馆藏档案数量超过 50 万卷的市级档案馆，档案库房面积指标可在市级一类的基础上，按照本标准的计算方法等比增加。寒冷和严寒地区的总面积指标可以在原来基础上增加 4%~6%。

第二十三条 县级档案馆建筑面积指标应符合表 3 的规定。

县级档案馆建筑面积指标（单位：m²） 表 3

面积指标 项目	一类	二类	三类
档案库房	1800~2800	900~1800	500~900
对外服务用房	1100~1400	800~1100	300~800
档案业务和技术用房	900~1400	500~900	200~500
办公室用房	400~600	200~400	100~200
附属用房	400~600	200~400	100~200
总计	4600~6800	2600~4600	1200~2600

注：表列各类用房指标分配见附录三，使用系数为 0.7（附录详见标准原文）。

馆藏档案数量超过 25 万卷的县级档案馆，档案库房面积指标可在县级一类的基础上，按照本标准的计算方法等比增加。寒冷和严寒地区的总面积指标可以在原来基础上增加 4%~6%。

第二十四条[①] 档案馆办公室用房面积应按照《党政机关办公用房建设标准》执行。

第二十五条 附属用房按档案库房、对外服务用房、档案业务和技术用房、办公室用房总面积的10%计算。

第二十七条 档案馆建设用地应根据建筑要求因地制宜，科学合理确定用地面积及技术指标。

档案馆建筑用地覆盖率宜为30%~40%，绿地率宜为30%，或遵照当地规划部门的规定执行。

停车场用地面积根据工作人员和外来利用档案人员数量合理确定并符合当地规划部门的规定。

第二十八条 档案馆总平面应满足以下规划要点：

1. 档案馆宜独立建设。县级档案馆可与其他功能相近的文化项目联合建设，但应有独立的管理区域。

2. 档案馆建筑应根据功能要求和工作流程合理布局，做到基本功能完备、流程便捷。

3. 档案馆建筑用地应根据建筑要求，合理确定总平面规划的各项经济技术指标，应节约使用土地，并优先利用社会公共资源。

4. 档案馆建筑按照功能分为库房区、对外服务区、业务技术区、办公区和附属用房区。库房区应相对独立。对外服务区宜设置专用出入口。

5. 档案馆对外服务区、业务技术区、办公区应具有良好的自然采光和通风条件。

6. 锅炉房、变配电室等可能危及档案安全的用房，在布局中应与库房区保持安

[①] 条文说明第二十一条~第二十三条说明了办公用房的计算方法：
办公室用房中面积指标按每人平均使用面积$6m^2$计算。
关于办公室用房中人数的确定，依据《劳动人事部、国家档案局关于颁布〈地方各级档案馆人员编制标准〉（试行）的通知》执行。根据上述通知的规定，参照本条确定的档案馆的计算值，可以测算省级三类档案馆案卷数与编制人数对应关系为：

馆藏量（万卷）	50	70	90	110
人数（人）	98	128	158	188

市级三类档案馆案卷数与编制人数对应关系为：

馆藏量（万卷）	20	30	40	50
人数（人）	45	65	80	95

县级三类档案馆案卷数与编制人数对应关系为：

馆藏量（万卷）	5	10	20	30
人数（人）	13	23	43	63

全距离。

7. 人员集散场地、道路、停车场和绿化用地等室外用地应统筹安排。

8. 馆区内的道路应与城市道路或公路连接，符合消防和疏散要求并便于档案的运送、装卸。

9. 档案馆室内外均应按《城市道路和建筑物无障碍设计规范》JGJ 50—2001要求进行无障碍设计，标识指示系统清晰明确。

10. 档案馆对外服务的车库（场）建设应符合当地规划条件的要求，宜将车库（场）设置于地下。本标准未包括这部分用房的构成、建筑面积指标。

11. 本标准未包括人防设施的项目构成、建筑面积，其标准和等级应符合当地人防部门的要求。

■ 选址与防护范围要求

档案馆建设标准　建标 103—2008

第二十六条[①]　档案馆的选址应符合下列要求：

1. 应选择工程地质条件和水文地质条件较好地区；
2. 应远离易燃、易爆场所，不应设在有污染腐蚀性气体源的下风向；
3. 应选择交通便利，城市公用设施比较完备的地区；
4. 应选择地势较高、排水通畅、空气流通和环境安静的地段。

档案馆建筑设计规范　JGJ 25—2000

第3.0.2条　档案馆的馆址应符合下列要求：

1. 馆址应远离易燃、易爆场所，不应设在有污染腐蚀性气体源的下风向。
2. 馆址应选择地势较高、场地干燥、排水通畅、空气流通和环境安静的地段。
3. 馆址应建在交通方便、便于利用，且城市公用设施比较完备的地区。高压输电线不得架空穿过馆区。

---

① 《档案馆建筑设计规范》JGJ 25—2000　第3.0.2条有相似规定。

出入境边防检查

■ 相关规范

名称	编号或文号	批准/发布部门	实施日期
中华人民共和国出入境边防检查单位建设标准（暂行）		国家发展计划委员会	1999年3月1日

■ 设置规定与建设标准

出入境边防检查单位建设标准（暂行）

第六条 边检总站、站办公及业务用房的建设规模应以国家批准的现行机构和机关人员编制定员为依据，按照本标准的建筑面积指标，分项计算，综合确定。

第七条 每个边检总站应建设干警培训基地，其建设规模应以总站（含所属单位人员）编制为测算依据，分为三类：

人员编制1000人以下，按在培学员80名确定；

人员编制1000～1500人，按在培学员120名确定；

人员编制1500～2000人及以上，按在培学员250名确定。

第八条 每个边检总站应建设遣返审查所，其建设规模应以审批项目建议书年份前2年的日均监管审查同级数为测算依据，分为两类：

日均监管60人以下按监管60人测算；

日均监管100人以上按监管100人测算。

第十三条 根据边防检查业务需要，其建设用房含边检总站、站办公及业务用房，总站干警培训基地用房，总站遣返审查所及干警生活用房。

第十四条 本标准建筑面积均按多层建筑考虑，其使用面积与建筑面积的折算系数为70%；若建筑高度超过24m的高层建筑，其折算系数应为67%。为合理提高使用面积系数，应控制门厅、电梯间、走廊等辅助面积。

第十五条 边检总站办公及业务用房含办公室、会议室、边检指挥中心及出入境检查监视室、禁止出入境查控室、武器及警服被装库、体能训练及文娱活动室、备勤值班宿舍、办公辅助用房、服务用房、通用设备用房、车库（含自行车及汽车）、人防工程。其建筑面积以边检总站机关定编人员为基数，按表1规定测算。

边检总站办公及业务用房建筑面积表（节选） 单位：m²/人　　　表1

用房名称	人均建筑面积	备注
合计	33.8	

第十六条　边检站办公及业务用房含办公室、会议室、指挥室及出入境检查监视室、禁止出入境查控室、武器及警服被装存放室、体能训练及文娱活动室、备勤值班宿舍、办公辅助用房、服务用房、通用设备用房、车库、人防工程。其建筑面积以边检站定编人员为基数，按表2规定测算：

边检总站办公及业务用房建筑面积表（节选） 单位：m²/人　　　表2

用房名称	人均建筑面积	备注
合计	27.5	

第十七条　总站干警培训基地的建设内容包括教室（含教员办公室）、文体活动及会议室、学员宿舍、图书资料及阅览室、微机及语音教室、浴室、厕所（含盥洗室）、大会议室、食堂及辅助用房。其建筑面积以在培学员为基数，按表3规定测算。

总站干警培训基地建筑面积表（节选） 单位：m²/人　　　表3

用房名称	每在培学员建筑面积	备注
合计	19	

第十八条　总站遣返审查所建设内容包括监管室、审查室、监管人员办公室、仓库、车库、食堂、厕所及盥洗室、值班室。其建筑面积以被监管审查人员为基数，按表4规定测算：

总站遣返审查所建筑面积表（节选） 单位：m²/人　　　表4

用房名称	被监管人均建筑面积	备注
合计	19	

第十九条　干警生活用房包括职工住宅和单身宿舍，其建设标准按在编人员60%的带眷职工和40%的单身职工考虑。职工住宅建筑面积指标暂按局级每人110平方米；处级每人90m²；科级每人70m²；科以下每人60m²。单身宿舍每人建筑面积10m²。

物流园区

2.15 物流园区 logistics park

为了实现物流设施集约化和物流运作共同化，或者出于城市物流设施空间布局合理化的目的而在城市周边等区域，集中建设的物流设施群与众多物流业者在地域上的物理集结地。(物流术语)[①]

■ 相关规范

名称	编号或文号	批准/发布部门	实施日期
物流术语	GB/T 18354—2006	国家质量监督检验检疫总局 国家标准化管理委员会	2007年5月1日
物流园区分类与基本要求	GB/T 21334—2008	国家质量监督检验检疫总局 国家标准化管理委员会	2008年8月1日

■ 分类

物流园区分类与基本要求　GB/T 21334—2008

4.1 分类原则

分类原则如下：

a) 符合3.1的园区；[②]

b) 按依托的物流资源和市场需求特征为主导性原则；

c) 以某一服务对象为主要特征，将延伸服务合并为同一类型。

4.2 物流园区类型

4.2.1 货运服务型

货运服务型物流园区应符合以下要求：

a) 依托空运、水运或陆运枢纽而规划；

b) 提供大批量货物转运的配套设施，实现不同运输方式的有效衔接；

c) 主要服务于国际性或区域性物流运输及运输方式的转换。

[①]《物流园区分类与基本要求》GB/T 21334—2008 中引用《物流术语》GB/T 18354—2006 中的定义。
[②] 3.1 为物流园区的定义。

注1：空港物流园区依托机场，以空运、快运为主，衔接航空与公路转运；
注2：港口物流园区依托海港或河港，衔接水运、铁路、公路转运；
注3：陆港物流园区依托公路或铁路枢纽，衔接公铁与铁路转运。

4.2.2　生产服务型

生产服务型物流园区应符合以下要求：

a）依托经济开发区、高新技术园区、工业园区等制造产业积聚园区而规划；
b）提供生产型企业一体化物流服务；
c）主要服务于生产企业物料供应与产品销售。

4.2.3　商贸服务型

商贸服务型物流园区应符合以下要求：

a）依托各类大型商贸市场、商品交易市场而规划；
b）提供商贸企业一体化服务；
c）主要服务于商贸流通业商品集散。

4.2.4　综合服务型

综合服务型物流园区应符合以下要求：

a）依托货运枢纽、产业园区、商贸市场等多元对象而规划；
b）位于城市交通运输主要节点，提供综合物流功能服务；
c）主要服务于物料供应、商品集散。

■ 设置规定与建设标准

物流园区分类与基本要求　GB/T 21334—2008

5.1.3　物流园区建设应加强土地集约使用和发挥规模效益，单个物流园区总用地面积宜不小于$1km^2$，物流园区所配套的行政办公、生活服务设施用地面积，占园区总用地面积的比例，货运服务型和生产服务型应不大于10%，贸易服务型和综合服务型应不大于15%。

6　物流园区规划的推荐性要求

物流园区规划的推荐性要求参见附录A。

附录A

（资料性附录）

物流园区规划的推荐性指标

A.1　货运服务型

货运服务型的推荐性要求见表A.1。

货运服务型的推荐性要求 表 A.1

项目	指标值		
	空港型	海港型	陆港型
园区物流强度 [万吨/km²·年]	≥50	≥1000	≥500
交通连接方式	有两种以上运输方式存在，可以实现多式联运		
物流信息平台	能为入驻物流企业提供符合海关、检验检疫等监管要求的计算机管理系统		

注：园区物流强度 = 园区年度吞吐量÷园区总用地面积。

A.2 生产服务型

生产服务型的推荐性要求见表 A.2。

生产服务型的推荐性要求 表 A.2

项目	指标值
园区物流强度 [万吨/km²·年]	≥150
交通连接方式	有两种以上运输方式存在或毗邻两条及以上高速公路，可以实现多式联运
物流信息平台	能为入驻物流企业和工业园区提供公共服务平台和实时信息交换系统

A.3 商贸服务型

商贸服务型的推荐性要求见表 A.3。

商贸服务型的推荐性要求 表 A.3

项目	指标值
园区物流强度 [万吨/km²·年]	≥100
交通连接方式	有两种以上运输方式存在或毗邻两条及以上高速公路，可以实现多式联运
物流信息平台	能为入园区内企业提供物流公共信息和在线交易服务

A.4 综合服务型

综合服务型的推荐性要求见表 A.4。

综合服务型的推荐性要求 表 A.4

项目	指标值
园区物流强度 [万吨/km²·年]	≥250
交通连接方式	有两种以上运输方式存在或毗邻两条及以上高速公路，可以实现多式联运
物流信息平台	能为入园区内企业提供物流公共信息和在线交易服务

商品流通设施

    1.1   流通基础设施指的是：商品市场交易活动中一部分规模大、职能范围广、对较大区域乃至全国商品流通的环境、条件和流通效率直接产生重要影响的流通设施。

    1.2   流通基础设施执行的主要是在商品流通过程中的基础性流通的职能，其实质是在流通领域执行集约商品流通职能的国民经济基础设施。

（商品流通基础设施分类及规模划分标准）

■ 相关规范

名称	编号或文号	批准/发布部门	实施日期
商品流通基础设施分类及规模划分标准	SBJ/T 13—2000	国家国内贸易局	2000年10月1日

■ 分类

商品流通基础设施分类及规模划分标准　SBJ/T 13—2000

商品流通基础设施分类及规模划分标准　　　　表4.2

设施名称	规模	建设规模		建筑标准	职责	作用范围
物流、仓储、配送中心	大	营业设施建筑面积	40001m² 以上	钢筋混凝土多层或单层建筑大跨度钢结构	大宗商品中间流通及集约型中继流通	全国，至少3个省以上
	中		15000m² 以上	钢筋混凝土多层或单层建筑大跨度钢结构	一般日用品大规模业加工及集约性中继流通	全省或省内部分地区
农副产品批发市场	大	营业面积	40001m² 以上	大跨度、大空间钢筋混凝土结构或轻钢结构	大宗农副产品集散、流通活动的集约及基础价格形成	全国，至少两个省以上
	中		15000m² 以上		地方农副产品的集散及价格形成，外埠商品的集约性流通	全省或省内部分地区

续表

设施名称		规模	建设规模		建筑标准	职责	作用范围
专用大宗物资储备库	普通仓库	大	建筑面积	20001m² 以上	钢筋混凝土结构 大跨度钢结构	中央储备	全国
		中		10000~20000m²		地方储备、企业库存	省内及部分省外
	食品冷库	大	公称容积	20001m³ 以上	现浇钢筋混凝土无梁多层库房结构 大跨度钢结构	中央储备 部分省级储备	全国省级以上区域
		中		6000m³ 以上		地方储备 企业库存	省内、部分省外
商品交易信息网络		大	全国性大宗商品、区域性重要商品专用交易网			全国及跨省市的网上商品交易	全国,至少两个省级区域以上
		中	区域性商品交易网			区域内的网上商品交易	全省,至少市级单位以上

设施名称		规模	经营能力	服务对象	使用者规模	技术装备水平
物流、仓储、配送中心		大	年吞吐量10万t以上或日处理商品12万件以上	专业物流设施,配送中心,大型生产、流通企业,政府	30家以下	国际20世纪80年代末水平,EDI系统装备
		中		配送中心,大中型生产、流通企业,政府		国际20世纪80年代末水平,EDI系统装备
农副产品批发市场		大	经由量占商圈范围同类商品上市量的30%以上	中间流通企业,生产者,联合体,配送中心,政府	80家以上	国际20世纪90年代水平,运营管理网络化
		中	入境商品经由量占同类商品本地上市量的60%以上,出境商品经由量占本地同类商品出境量的50%以上	企业,配送中心,政府,中间商		国际20世纪80年代水平
专用大宗物资商品储备库	普通仓库	大	年4万t以上	中央政府,属地省市级政府	不限	国际20世纪90年代水平、全部自动化、部分操作智能化
		中		地方政府,企业	2家以上	
	食品冷库	大	年1万t以上	中央政府,属地省、市级政府	不限	国际20世纪90年代水平、全部自动化、部分操作智能化
		中		地方政府,企业	2家以上	
商品交易信息网络		大		全国企业		国际20世纪90年代水平
		中		部分区域的企业		

农副产品批发市场

■ 相关规范

名称	编号或文号	批准/发布部门	实施日期
商品流通基础设施分类及规模划分标准	SBJ/T 13—2000	国家国内贸易局	2000年10月1日
农副产品批发市场建设标准	建标〔1991〕758号	建设部	1992年3月1日

■ 分类

商品流通基础设施分类及规模划分标准 SBJ/T 13—2000

商品流通基础设施分类及规模划分标准（节选）　　　　表4.2

设施名称	农副产品批发市场	
规模	大	中
建设规模	营业面积	
	40001m² 以上	15000m² 以上
建筑标准	大跨度、大空间钢筋混凝土结构或轻钢结构	
职责	大宗农副产品集散、流通活动的集约及基础价格形成	地产农副产品的集散及价格形成，外埠商品的集约性流通
作用范围	全国，至少两个省以上	全省或省内部分地区
经营能力	经由量占商圈范围同类商品上市量的30%以上	入境商品经由量占同类商品本地上市量的60%以上，出境商品经由量占本地同类商品出境量的50%以上
服务对象	中间流通企业，生产者，联合体，配送中心，政府	企业，配送中心，政府，中间商
使用者规模	80家以上	
技术装备水平	国际20世纪90年代水平，运营管理网络化	国际20世纪80年代水平

农副产品批发市场建设标准　建标〔1991〕758号

第六条　农副产品批发市场的建设规模，宜按年经营量划分以下三类：

一类：大于 10 万 t 以上 ~20 万 t；
二类：大于 5 万 t 以上 ~10 万 t；
三类：2 万 t 及以上 ~5 万 t。

第七条　农副产品批发市场的年经营量，应根据供应范围、供给率以及城市人均消费水平等因素确定。

■ 内部构成

农副产品批发市场建设标准　建标［1991］758 号

第八条　农副产品批发市场应具有能适应交易活动所必需的综合服务设施。项目内容宜按不同的建设规模由下列设施构成，但也可根据条件和使用需要建设其中一部分。

一、三类农副产品批发市场：

1. 经营设施：交易厅、棚；
2. 辅助设施：仓库、香蕉烘烤房、车库、地磅房、码头、露天货场、道路、停车场、垃圾堆场、锅炉房及煤场、变配电室、门卫室等；
3. 服务设施：招待所；
4. 办公生活福利设施：办公用房、生活福利用房。

二、一、二类农副产品批发市场：

除上述设施外，可增设冷库、挑选加工整理间等辅助设施和饮食服务设施。一类农副产品批发市场有条件的，可铺设铁路专用线、站台等辅助设施和增设仓库、露天货场，但铁路专用线从出岔点的引入里程不得超过 2km。

■ 设置规定与建设标准

农副产品批发市场建设标准　建标［1991］758 号

第二十二条　不同规模的农副产品批发市场各项设施的建筑面积指标不得超过表 1 的规定。

各项设施建筑面积指标（m^2）　　　表 1

设施类别		一类	二类	三类
经营设施	果品交易厅棚	5560~11100	2780~5540	1120~2760
	蔬菜类交易厅棚	8340~16650	4170~8310	1680~4140
辅助设施	冷库	1250~2450	650~1250	
	仓库	1310~2000	910~1300	600~900

续表

设施类别		一类	二类	三类
辅助设施	挑选、加工、整理间	310~500	200~300	
	香蕉烘烤房	210~300	130~200	80~120
	车库	330~450	240~300	150~210
	锅炉房等其他设施用房	310~400	210~300	160~200
服务设施	招待所	610~1000	410~600	300~400
	饮食店、小卖部	210~300	150~200	
办公生活福利设施	办公用房	930~1250	690~900	460~660
	生活福利用房	2680~4060	1750~2615	1090~1680
总建筑面积	果品类批发市场	13710~23810	8120~13505	3960~6930
	蔬菜类批发市场	16490~29360	9510~16275	4520~8310

注：1. 表中指标应根据年经营量取值，年经营量大的取大值、小的取小值，中间值采用插入法计取；
   2. 车库建筑面积应按实际配置车辆数确定；
   3. 冷库的建筑面积，系按一、二类农副产品批发市场冷库建设相应为500~1000t、250~500t计算的。

第二十三条　农副产品批发市场各类场地建筑面积指标，不得超过表2的规定。

各类场地建筑面积指标（m²）　　　　　　　　表2

	一类	二类	三类
露天货场	850~1600	530~830	300~500
停车场	1870~3720	940~1860	370~930
垃圾堆场	190~300	110~180	60~100
煤堆场	60~150	40~120	40~80
小计	2970~5770	1620~2990	770~1610

注：1. 除煤堆场外，表中指标应根据年经营量取值，年经营量大的取大值、小的取小值，中间值采用插入法计取；
   2. 煤堆场面积上限指标适用采暖地区，下限指标适用于非采暖地区。

第二十九条　农副产品批发市场的建筑覆盖率，宜控制在45%~55%。

第三十条　不同建设规模的农副产品批发市场，建设用地指标不得超过表3的规定。

建设用地指标（hm²）　　　　　　　　　　　　　　　　表3

建设规模	果品类批发市场		蔬菜类批发市场	
	建筑覆盖率按45%计	建筑覆盖率按55%计	建筑覆盖率按45%计	建筑覆盖率按55%计
一类	3.0~5.3	2.5~4.3	3.6~6.5	3.0~5.4
二类	1.6~2.9	1.4~2.4	1.9~3.5	1.6~2.9
三类	0.7~1.4	0.6~1.2	0.9~1.7	0.7~1.4

注：1. 表中控制指标应根据年经营量取值，年经营量大的取大值、小的取小值，中间值采用插入法记取；

2. 表中所列指标不包括码头、铁路专用线建设用地面积。

■ 选址与防护要求

农副产品批发市场建设标准　建标［1991］758号

第十条　农副产品批发市场的场址选择，应充分考虑农副产品上市季节性强以及商品保鲜等特性。场址应选在农副产品流向合理、集散方便和交易成市的地域或传统的商品集散地。

第十一条　场址必须具有良好的交通运输条件。

第十二条　场址应有良好的地形、地貌、工程水文地质条件，场址附近应具有可供满足农副产品批发市场使用的电源和给排水条件。

第十三条　场址区域环境应符合农副产品批发市场商品经营的特殊性和储存要求。场址附近必须避免下列情况：

一、有产生有害气体、烟雾、粉尘等污染源的；

二、有生产（或储存）易燃、易爆、有毒等危险品的。

零售商店

■ 相关规范

名称	编号或文号	批准/发布部门	实施日期
商店建筑设计规范（试行）	JGJ 48—88	建设部 商业部	1989年4月1日
零售业态分类标准	GB/T 18106—2004	国家质量监督检验检疫总局 国家标准化管理委员会	2004年10月1日

■ 分类

零售业态分类标准　GB/T 18106—2004

4.1　有店铺零售 store-based retailing

是有固定的进行商品陈列和销售所需要的场所和空间，并且消费者的购买行为主要在这一场所内完成的零售业态。有店铺零售业态分类和基本特点见表1。

4.1.1　食杂店 traditional grocery store

是以香烟、酒、饮料、休闲食品为主，独立、传统的无明显品牌形象的零售业态。

4.1.2　便利店 convenience store

满足顾客便利性需求为主要目的的零售业态。

4.1.3　折扣店 discount store

是店铺装修简单，提供有限服务，商品价格低廉的一种小型超市业态。拥有不到2000个品种，经营一定数量的自有品牌商品。

4.1.4　超市 supermarket

是开架售货，集中收款，满足社区消费者日常生活需要的零售业态。根据商品结构的不同，可以分为食品超市和综合超市。

4.1.5　大型超市 hypermarket

实际营业面积6000m^2以上，满足顾客一次性购齐的零售业态。根据商品结构，可以分为以经营食品为主的大型超市和以经营日用品为主的大型超市。

4.1.6　仓储会员店 warehouse club

以会员制为基础，实行储销一体、批零兼营，以提供有限服务和低价格商品为主要特征的零售业态。

4.1.7 百货店 department store

在一个建筑物内，经营若干大类商品，实行统一管理，分区销售，满足顾客对时尚商品多样化选择需求的零售业态。

4.1.8 专业店 speciality storspe

以专门经营某一大类商品为主的零售业态。

例如办公用品专业店（office supply）、玩具专业店（toy stores）、家电专业店（home appliance）、药品专业店（drug store）、服饰店（apparel shop）等。

4.1.9 专卖店 exclusive shop

以专门经营或被授权经营某一主要商品为主的零售业态。

4.1.10 家居建材商店 home center

以专门销售建材、装饰、家居用品为主的零售业态。

4.1.11 购物中心 shopping center/shopping mall

是多种零售店铺、服务设施集中在由企业有计划地开发、管理、运营的一个建筑物内或一个区域内，向消费者提供综合性服务的商业集合体。

4.1.11.1 社区购物中心 community shopping center

是在城市的区域商业中心建立的，面积在 5 万 m^2 以内的购物中心。

4.1.11.2 市区购物中心 regional shopping center

是在城市的商业中心建立的，面积在 10 万 m^2 以内的购物中心。

4.1.11.3 城郊购物中心 super-regional shopping center

是在城市的郊区建立的，面积在 10 万 m^2 以上的购物中心。

4.1.12 厂家直销中心 factory outlets center

由生产商直接设立或委托独立经营者设立，专门经营本企业品牌商品，并且多个企业品牌的营业场所集中在一个区域的零售业态。

商店建筑设计规范（试行） JGJ 48—88

第1.0.4条 商店建筑的规模，根据其使用类别、建筑面积分为大、中、小型，应符合表1.0.4的规定。

商店建筑的规模　　　　　　　　　　　　表1.0.4

规模	类别	百货商店、商场建筑面积（m^2）	菜市场类建筑面积（m^2）	专业商店建筑面积（m^2）
大型		>15000	>6000	>5000

续表

规模 \ 类别	百货商店、商场 建筑面积（m²）	菜市场类 建筑面积（m²）	专业商店 建筑面积（m²）
中型	3000～15000	1200～6000	1000～5000
小型	<3000	<1200	<1000

■ 内部构成

商店建筑设计规范（试行） JGJ 48—88

第3.1.1条 商店建筑按使用功能分为营业、仓储和辅助三部分。建筑内外应组织好交通，人流、货流应避免交叉，并应有防火、安全分区。

第3.1.2条 商店建筑的营业、仓储和辅助三部分建筑面积分配比例可参照表3.1.2的规定。

商店建筑面积分配比例　　　　　　　　　　表3.1.2

建筑面积（m²）	营业（%）	仓储（%）	辅助（%）
>15000	>34	<34	<32
3000～15000	>45	<30	<25
<3000	>55	<27	<18

注：1. 商店建筑，如营业部分混有大量仓储面积时，可仅采用其辅助部分配比；
　　2. 仓储及辅助部分建筑可不全部建在同一基地内；
　　3. 如城市设置集中商品储配库和社会服务设施等较完善时，可适当调减仓储、辅助部分配比。

■ 设置规定与建设标准

零售业态分类标准 GB/T18106—2004

有店铺零售业态分类和基本特点　　　　　　　　表1

序号	业态	选址	基本特点					
			商圈与目标顾客	规模	商品（经营）结构	商品售卖方式	服务功能	管理信息系统
1	食杂店	位于居民区内或传统商业区内	辐射半径0.3km，目标顾客以固定的居民为主	营业面积一般在100m²以内	以香烟、饮料、酒、休闲食品为主	柜台式和自选式相结合	营业时间12小时以上	初级或不设立

续表

序号	业态	选址	基本特点					管理信息系统
			商圈与目标顾客	规模	商品（经营）结构	商品售卖方式	服务功能	
2	便利店	商业中心区、交通要道以及车站、医院、学校、娱乐场所、办公楼、加油站等公共活动区	商圈范围小，顾客步行5分钟内到达，目标顾客主要为单身者、年轻人。顾客多为有目的的购买	营业面积100m²左右，利用率高	即食食品、日用小百货为主，有即时消费性、小容量、应急性等特点，商品种在3000种左右，售价高于市场平均水平	以开架自选为主，结算在收银处统一进行	营业时间16小时以上，提供即时性食品的辅助设施，开设多项服务项目	程度较高
3	折扣店	居民区、交通要道等租金相对便宜的地区	辐射半径2km左右，目标顾客主要为商圈内的居民	营业面积300～500m²	商品平均价格低于市场平均水平，自有品牌占有较大的比例	开架自选，统一结算	用工精简，为顾客提供有限的服务	一般
4	超市	市、区商业中心、居住区	辐射半径2km左右，目标客户主要为商圈内的居民	营业面积在6000m²以下	经营包装食品、生鲜食品和日用品。食品超市与综合超市商品结构不同	自选销售，出入口分设，在收银台统一结算	营业时间12小时以上	程度较高
5	大型超市	市、区商业中心、城郊结合部、交通要道及大型居住区	辐射半径2km以上，目标顾客以居民、流动顾客为主	实际营业面积6000m²以上	大众化衣、食、日用品齐全，一次性购齐，注重自有品牌开发	自选销售，出入口分设，在收银台同一结算	设不低于营业面积40%的停车场	程度较高
6	仓储式会员店	城乡结合部的交通要道	辐射半径5km以上，目标客户以中小零售店、餐饮店、集团购买和流动顾客为主	营业面积6000m²以上	以大众化衣、食、用品为主，自有品牌占相当部分，商品在4000种左右，实行低价、批量销售	自选销售，出入口分设，在收银台统一结算	设相当于营业面积的停车场	程度较高并对顾客实行会员制管理
7	百货店	市、区级商业中心、历史形成的商业集聚地	目标顾客以追求时尚和品位的流动顾客为主	营业面积6000～20000m²	综合性、门类齐全，以服饰、鞋类、箱包、化妆品、家庭用品、家用电器为主	采取柜台销售和开架售相结合方式	注重服务，设餐饮、娱乐等服务项目和设施	程度较高

续表

序号	业态	选址	基本特点					
			商圈与目标顾客	规模	商品（经营）结构	商品售卖方式	服务功能	管理信息系统
8	专业店	市、区级商业中心以及百货店、购物中心内	目标顾客以有目的选购某类商品的流动顾客为主	根据商品特点而定	以销售某类商品为主，体现专业性、深度性、品种丰富，选择余地大	采取柜台销售或开架面售方式	从业人员具有丰富的专业知识	程度较高
9	专卖店	市、区级商业中心、专业街以及百货店、购物中心内	目标顾客以中高档消费者和追求时尚的年轻人为主	根据商品特点而定	以销售某一品牌系列商品为主，销售量少、质优、高毛利	采取柜台销售或开架面售方式，商店陈列、照明、包装、广告讲究	注重品牌声誉，从业人员具备丰富的专业知识，提供专业性服务	一般
10	家居建材商店	城乡结合部、交通要道或消费者自有房产比较高的地区	目标顾客以拥有自有房产的顾客为主	营业面积6000m²以上	商品以改善、建设家庭居住环境有关的装饰、装修等用品、日用杂品、技术及服务为主	采取开架自选方式	提供一站式购足和一条龙服务，停车位300个以上	较高
11	购物中心	a 社区购物中心	市、区级商业中心	商圈半径为5~10km	建筑面积为5万m²以内	20~40个租赁店，包括大型综合超市、专业店、专卖店、饮食服务及其他店	各个租赁店独立开展经营活动	停车位300~500个	各个租赁店使用各自的信息系统
		b 市区购物中心	市级商业中心	商圈半径为10~20km	建筑面积为10万m²以内	40~100个租赁店，包括百货店、大型综合超市、各种专业店、专卖店、饮食店、杂品店以及娱乐服务设施等	各个租赁店独立开展经营活动	停车位500个以上	各个租赁店使用各自的信息系统
		c 城郊购物中心	城乡结合部的交通要道	商圈半径为30~50km	建筑面积10万m²以上	200个租赁店以上，包括百货店、大型综合超市、各种专业店、专卖店、饮食店、杂品店及娱乐服务设施等	各个租赁店独立开展经营活动	停车位1000个以上	各个租赁店使用各自的信息系统

续表

序号	业态	选址	基本特点					
			商圈与目标顾客	规模	商品（经营）结构	商品售卖方式	服务功能	管理信息系统
12	工厂直销中心	一般远离市区	目标顾客多为重视品牌的有目的购买	单个建筑面积100~200m²	为品牌商品生产商直接设立，商品均为本企业的品牌	采用自选式售货方式	多家店共有500个以上停车位	各个租赁店使用各自的信息系统

商店建筑设计规范（试行）　JGJ 48—88

第2.1.3条　大中型商店建筑应有不少于两个面的出入口与城市道路相邻接；或基地应有不小于1/4的周边总长度和建筑物不少于两个出入口与一边城市道路相邻接。

第2.1.4条　大中型商店基地内，在建筑物背面或侧面，应设置净宽度不小于4m的运输道路。基地内消防车道也可与运输道路结合设置。

第2.1.5条　新建大中型商店建筑的主要出入口前，按当地规划部门要求，应留有适当集散场地。

第2.1.6条　大中型商店建筑，如附近无公共停车场地时，按当地规划部门要求，应在基地内设停车场地或在建筑物内设停车库。

■ 选址与防护范围要求

商店建筑设计规范（试行）　JGJ 48—88

第2.1.1条　大中型商店建筑基地宜选择在城市商业地区或主要道路的适宜位置。

大中型菜市场类建筑基地，通路出口距城市干道交叉路口红线转弯起点处不应小于70m。

小区内的商店建筑服务半径不宜超过300m。

第2.1.2条　商店建筑不宜设在有甲、乙类火灾危险性厂房、仓库和易燃、可燃材料堆场附近；如因用地条件所限，其安全距离应符合防火规范的有关规定。

社区商业

3.1 社区商业 community commerce

指以特定居住区的居民为主要服务对象，以便民、利民和满足居民生活消费为目标，提供日常生活需要的商品和服务的属地型商业。（社区商业设施设置与功能要求）

■ 相关规范

名称	编号或文号	批准/发布部门	实施日期
城市居住区规划设计规范（2002年版）	GB 50180—93	建设部	2002年4月1日
社区商业设施设置与功能要求	SB/T 10455—2008	商务部	2008年11月1日

■ 分类

社区商业设施设置与功能要求　SB/T 10455—2008

社区商业的分级

社区商业按居住人口规模和服务的范围可分为邻里商业、居住区商业和社区商业中心，各级社区商业的设置规模可参照表1的规定。

社区商业分级表　　　　　　　　　表1

分类	指标		
	商圈半径（km）	服务人口（人）	商业设置规模（m² 建筑面积）
邻里商业	≤0.5	1~1.5万	≤0.3万
居住区商业	≤1.5	3~5万	≤2万
社区商业中心	≤3	8~10万	≤5万

3.4 邻里商业 neighbourhood commerce

指在居住小区内，为满足居民日常生活基本需求，服务对象为该居住小区的居民，与住宅相近的社区商业形式。

3.5 居住区商业 residential area commerce

指在居住区内，为满足居民日常生活多样化需求，服务对象主要为该居住区居民，较完善的社区商业形式

3.6 社区商业中心 community commerial center

指在多个居住区的中心，以满足居民综合消费需求为主，服务对象为该区域及部分外来消费者的，集中设置的规模较大的社区商业形式。

■ 设置规定与建设标准

城市居住区规划设计规范 GB 50180—93

公共服务设施各项目的设置规定（节选）   附表 A.0.3

项目名称	服务内容	设置规定	每处一般规模	
			建筑面积（m²）	用地面积（m²）
（13）综合食品店	粮油、副食、糕点、干鲜果品等	（1）服务半径：居住区不宜大于500m；居住小区不宜大于300m； （2）地处山坡地的居住区，其商业服务设施的布点，除满足服务半径的要求外，还应考虑上坡空手，下坡负重的原则	居住区：1500~2500 小区：800~1500	—
（14）综合百货店	日用百货、鞋帽、服装、布匹、五金及家用电器等		居住区：2000~3000 小区：400~600	—
（15）餐饮	主食、早点、快餐、正餐等			
（16）中西药店	汤药、中成药及西药等		200~500	
（17）书店	书刊及音像制品		300~1000	
（18）市场	以销售农副产品和小商品为主	设置方式应根据气候特点与当地传统的集市要求而定	居住区：1000~1200 小区：500~1000	居住区：1500~2000 小区：800~1500
（19）便民店	小百货、小日杂	宜设于组团的出入口附近	—	—
（20）其他第三产业设施	零售、洗染、美容美发、照相、影视文化、休闲娱乐、洗浴、旅店、综合修理以及辅助就业设施等	具体项目、规模不限	—	—

社区商业设施设置与功能要求 SB/T 10455—2008

5.2.5 社区商业功能要求应满足表2的功能及业态组合。

社区商业的功能、业态组合　　　　　　　　　　　　　　　　表 2

分类	功能定位	业态组合	
		必备型业种及业态	选择型业种及业态
邻里商业	保障基本生活需求，提供必需生活服务	菜店、食杂店、报刊亭、餐饮店、理发店、维修、再生资源回收	超市、便利店、图书音像店、美容店、洗衣店、家庭服务等
居住区商业	满足日常生活必要的商品及便利服务	菜市场、超市、报刊亭、餐饮店、维修、美容美发店、洗衣店、再生资源回收、家庭服务、冲印店	便利店、药店、图书音像店、家庭服务、照相馆、洗浴、休闲、文化娱乐、医疗保健、房屋租赁及中介服务等
社区商业中心	满足日常生活综合需求，提供个性化消费和多元化服务	百货店、大型综合超市、便利店、药店、图书音像店、餐饮店、维修、美容美发店、洗衣店、沐浴、再生资源回收、家庭服务、照相馆	专卖店、专业店、旅馆、医疗保健、房屋租赁等中介服务、宠物服务、文化娱乐等

■ 选址与防护范围要求

社区商业设施设置与功能要求　SB/T 10455—2008

4　通用要求

社区商业的设置与服务应遵循下列基本原则：

4.1　社区商业设施的设置应与城市总体规划及商业网点规划相协调，合理布局，因地制宜，与环境相协调。

4.2　社区商业设施的建设规模应与社区居住人口规模相匹配，社区商业设施建筑面积应符合 GB50180 的要求，业态组合合理。

4.3　社区商业设施的建设应以生活宜居为原则，社区商业设施的选址及经营应便利社区居民的消费，且不应干扰居民生活。

4.4　社区商业设施的设置应与银行、邮局等其他公共服务设施相协调，并配建适宜的停车场、货物装运通道等设施。

4.5　社区商业设施宜以独立的集中设置为主。

4.6　社区商业网点应合法经营，满足相应的法规及开业技术条件。

5.2　社区商业布局和设置应满足以下要求：

5.2.1　社区商业中心应设置在交通便利、人流相对集中的区域，可结合轨道交通枢纽、沿居住区的主要道路布局和设置，与住宅的间距不小于 50m。

5.2.2　社区商业经营企业宜以连锁经营型为主。

5.2.3　社区商业设施的店招、店牌、灯光等形象设计宜与社区的建筑风格相协调。

5.2.4　社区商业在布局和设置时，应优选考虑必备型业种及业态的设置。

旅游饭店

旅游饭店 tourist hotel

能够以夜为时间单位向旅游客人提供配有餐饮及相关服务的住宿设施。按不同习惯它也被称为宾馆、酒店、旅馆、旅社、宾舍、度假村、俱乐部、大厦、中心等。(旅游饭店星级的划分与评定)

■ 相关规范

名称	编号或文号	批准/发布部门	实施日期
旅游饭店星级的划分与评定	GB/T 14308—2003	国家质量监督检验检疫总局	2003年12月01日

■ 分类

旅游饭店星级的划分与评定　GB/T 14308—2003

3.2　星级 star-rating

用星的数量和设色表示旅游饭店的等级。星级分为五个等级，即一星级、二星级、三星级、四星级、五星级（含白金五星级）。最低为一星级，最高为白金五星级。星级越高，表示旅游饭店的档次越高。

■ 设置规定与建设标准

旅游饭店星级的划分与评定　GB/T 14308—2003

6　星级的划分条件

6.1　一星级

6.1.1　饭店布局基本合理，方便客人在饭店内的正常活动。

6.1.2　公共信息图形符号符合 GB/T10001.1 和 GB/T10001.2 的规定。

6.1.3　有适应所在地气候的采暖、制冷设备，各区域通风良好。

6.1.4　设施设备养护良好，达到整洁、卫生和有效。

6.1.5　各种指示用和服务用文字至少用规范的中英文同时表示。

6.1.6　能够用普通话提供服务。

6.1.7 前厅：

a) 有前厅和总服务台；

b) 总服务台位于前厅显著位置，有装饰、光线好，有中英文标志。前厅接待人员 18h 上以普通话提供接待、问询、结账和留言服务；

c) 提供饭店服务项目宣传品、客房价目表、所在地旅游交通图、主要交通工具时刻表；

d) 提供小件行李存放服务；

e) 提供行李出入店服务。

6.1.8 客房：

a) 至少有 15 间（套）可供出租的客房；

b) 门锁为暗锁，有防盗装置，显著位置张贴应急疏散图及相关说明；

c) 装修良好，有软垫床、桌、椅、床头柜等配套家具；

d) 至少 75% 的客房有卫生间，装有抽水恭桶、面盆、淋浴或浴缸（配有浴帘）。客房中没有卫生间的楼层设有男女分设、间隔式公共卫生间以及专供客人使用的男女分设、间隔式公共浴室，配有浴帘。采取有效的防滑措施，24h 供应冷水，16h 供应热水；

e) 照明充足，有遮光窗帘；

f) 备有饭店服务指南、价目表、住宿须知；

g) 客房、卫生间每天全面整理一次，隔日或应客人要求更换床单、被单及枕套，并做到每客必换；

h) 16h 提供冷热饮用水。

6.1.9 餐饮：

a) 有桌椅、餐具、灯具配套及照明充足的就餐区域；

b) 能够提供早餐服务；

c) 餐饮加工区域及用具保持整洁、卫生。

6.1.10 公共区域：

a) 有男女分设的公共卫生间；

b) 有公用电话；

c) 有应急照明灯；

d) 走廊墙面整洁、有装修，24h 光线充足，无障碍物。紧急出口等各种标识清楚，位置合理。

6.2 二星级

6.2.1 饭店布局基本合理，方便客人在饭店内的正常活动。

6.2.2 公共信息图形符号符合 GB/T10001.1 和 GB/T10001.2 的规定。

6.2.3 有适应所在地气候的采暖、制冷设备，各区域通风良好。

6.2.4 设施设备养护良好,达到整洁、卫生和有效。

6.2.5 各种指示用和服务用文字至少用规范的中英文同时表示。

6.2.6 能够用普通话提供服务。

6.2.7 前厅:

a) 有与饭店规模、星级相适应的前厅和总服务台;

b) 总服务台位于前厅显著位置,有装饰、光线好,有中英文标志。前厅接待人员 24h 普通话提供接待、问询、结账和留言服务;

c) 提供传真服务;

d) 总服务台提供饭店服务项目宣传品、客房价目表、所在地旅游景区(点)介绍、旅游交通图、报刊及主要交通工具时刻表;

e) 有行李推车、提供行李出入房服务;

f) 提供小件行李存放服务;

g) 有管理人员 24h 在岗值班;

h) 设客人休息场所。

6.2.8 客房:

a) 至少有 20 间(套)可供出租的客房;

b) 门锁为暗锁,有防盗装置,显著位置张贴应急疏散图及相关说明;

c) 装修良好,有软垫床、桌、椅、床头柜等配套家具,照明良好;

d) 至少 75% 的客房有卫生间,装有抽水恭桶、面盆、淋浴或浴缸(配有浴帘)。客房中没有卫生间的楼层设有男女分设、间隔式公共卫生间以及专供客人使用的男女分设、间隔式公共浴室,配有浴帘。采取有效的防滑措施,24h 供应冷水,18h 供应热水;

e) 照明充足,有遮光窗帘;

f) 有方便使用的电话机,可以拨通或使用预付费电信卡拨打国际、国内长途电话,并配有使用说明;

g) 有彩色电视机,画面音质清晰;

h) 具备防噪声及隔声措施;

i) 备有饭店服务指南、价目表、住宿须知;

j) 设有至少两种规格的电源插座;

k) 客房、卫生间每天全面整理一次,每日或应客人要求更换床单、被单及枕套;

l) 提供洗衣服务;

m) 24h 提供冷热饮用水。

6.2.9 餐饮:

a) 有照明充足的就餐区域,桌椅、餐具、灯具配套;

b) 能够提供早餐服务;
c) 应客人要求提供送餐服务;
d) 餐饮制作区域及用具保持干净、整洁、卫生。

6.2.10 公共区域:
a) 提供回车线或停车场;
b) 四层（含四层）以上的楼房有客用电梯;
c) 有公用电话，并配备市内电话簿;
d) 有男女分设的公共卫生间;
e) 代售邮票，代发信件，代售旅行日常用品;
f) 有应急照明灯;
g) 走廊墙面整洁、有装修、24h 光线充足，无障碍物。紧急出口等各种标识清楚，位置合理。

6.3 三星级

6.3.1 饭店布局合理，方便客人在饭店内活动。

6.3.2 指示用标志清晰，公共信息图形符号符合 GB/T10001.1 和 GB/T10001.2 的规定。

6.3.3 有空调设施，各区域通风良好，温、湿度适宜。

6.3.4 有与本星级相适应的计算机管理系统。

6.3.5 设施设备养护良好，使用安全，达到整洁、卫生和有效。

6.3.6 各项管理制度健全，与饭店规模和星级相一致。

6.3.7 各种指示用和服务用文字至少用规范的中英文同时表示。

6.3.8 各对客服务区域能用普通话和英语提供服务。

6.3.9 前厅:
a) 有与接待能力相适应的前厅。内装修美观别致。有与饭店规模、星级相适应的总服务台。
b) 总服务台各区段有中英文标志，接待人员 24 小时提供接待、问询、结帐和留言服务。
c) 提供一次性总账单结账服务（商品除外）。
d) 提供信用卡结算服务。
e) 提供饭店服务项目宣传品、客房价目表、所在地旅游交通图、所在地旅游景点介绍、主要交通工具时刻表、与住店客人相适应的报刊。
f) 24h 提供客房预订。
g) 有饭店和客人同时开启的贵重物品保险箱。保险箱位置安全、隐蔽，能够保护客人的隐私。
h) 设门卫应接员，16h 迎送客人。

i) 设专职行李员，有专用行李车，18h 为客人提供行李服务。有小件行李存放处。

j) 有管理人员 24h 在岗值班。

k) 设大堂经理，18h 在岗服务。

l) 在非经营区设客人休息场所。

m) 提供代客预订和安排出租汽车服务。

n) 门厅及主要公共区域有残疾人出入坡道，配备轮椅，能为残疾人提供必要的服务。

6.3.10 客房：

a) 至少有 30 间（套）可供出租的客房。

b) 有门窥镜和防盗装置，在显著位置张贴应急疏散图及相关说明。

c) 装修良好、美观，有软垫床、梳妆台或写字台、衣橱及衣架、座椅或简易沙发、床头柜、床头灯及行李架等配套家具。室内满铺地毯、木地板或其他较高档材料。室内采用区域照明且目的物照明度良好。

d) 有卫生间，装有抽水恭桶、梳妆台（配备面盆、梳妆镜和必要的盥洗用品）、浴缸或淋浴间。浴缸配有浴帘、淋浴喷头（另有单独淋浴间的可以不带淋浴喷头）。采取有效的防滑措施。采用较高级建筑材料装修地面、墙面和顶棚，色调柔和，目的物照明度良好。有良好的排风系统或排风器，温湿度与客房适宜。有 110V/220V 不间断电源插座。24h 供应冷、热水。

e) 有方便使用的电话机，可以直接拨通或使用预付费电信卡拨打国际、国内长途电话，并配有使用说明。

f) 可以提供国际互联网接入服务，并有使用说明。

g) 有彩色电视机。播放频道不少于 16 个，画面和音质清晰，备有频道指示说明。播放内容应符合中国政府规定。

h) 具备有效的防噪声及隔声措施。

i) 有至少两种规格的电源插座，并提供插座转换器。

j) 有遮光窗帘。

k) 有单人间。

l) 有套房。

m) 有与本星级相适应的文具用品。有服务指南、价目表、住宿须知、所在地旅游景点介绍和旅游交通图。应客人要求提供相应报刊。

n) 客房、卫生间每天全面整理一次，每日或应客人要求更换床单、被单及枕套，客用品和消耗品补充齐全。

o) 提供开夜床服务，放置晚安致意卡。

p) 床上用棉织品（床单、枕芯、枕套、棉被及被单等）及卫生间针织用品

（浴衣、浴巾、毛巾等）材质良好、工艺讲究、柔软舒适。

q) 24h 提供冷热饮用水，免费提供茶叶或咖啡。

r) 70% 客房有小冰箱，提供适量酒和饮料，备有饮用器具和价目单。

s) 客人在房间会客，可应要求提供加椅和茶水服务。

t) 提供留言和叫醒服务。

u) 提供衣装湿洗、干洗和熨烫服务。

v) 有送餐菜单和饮料单，18h 提供送餐服务，有可挂置门外的送餐牌。

w) 提供擦鞋服务。

6.3.11 餐厅及吧室：

a) 有餐厅，提供早、中、晚餐服务。

b) 有宴会单间或小宴会厅，能提供宴会服务。

c) 有酒吧或茶室或其他供客人休息交流且提供饮品服务的场所。

d) 餐具无破损，卫生、光洁。

e) 菜单及饮品单美观整洁，出菜率不低于 90%。

6.3.12 厨房：

a) 位置合理，紧邻餐厅。

b) 墙面满铺瓷砖，用防滑材料满铺地面，有地槽，有吊顶。

c) 冷菜间、面点间独立分隔，有足够的冷气设备。冷菜间温度符合食品卫生标准，内有空气消毒设施。

d) 粗加工间与其他操作间隔离，各操作间温度适宜。

e) 有必要的冷藏、冷冻设施。

f) 洗碗间位置合理，设施充裕。

g) 有专门放置临时垃圾的设施并保持其封闭。

h) 厨房与餐厅之间，有起隔声、隔热和隔气味作用的进出分开、自动闭合的弹簧门。

i) 采取有效的消杀蚊蝇、蟑螂等虫害措施。

6.3.13 会议康乐设施：有会议康乐设施设备，并提供相应服务。

6.3.14 公共区域：

a) 提供回车线或停车场。

b) 四层（含四层）以上的建筑物有足够的客用电梯。

c) 有公用电话，并配备市内电话簿。

d) 有男女分设、间隔式公共卫生间。

e) 有小商店，出售旅行日常用品、旅游纪念品、工艺品等商品。

f) 代售邮票、代发信件，提供传真、复印、打字、国际长途电话等服务。

g) 提供电脑出租服务。

h) 有应急供电设施和应急照明设施。

i) 走廊地面满铺地毯或其他较高档材料,墙面整洁、有装修,24h 光线充足,无障碍物。紧急出口标识清楚,位置合理。

6.3.15 在选择项目中至少具备 10 项。

6.4 四星级

6.4.1 饭店布局和功能划分合理,设施使用方便、安全。

6.4.2 内外装修采用高档材料,工艺精致,具有突出风格。

6.4.3 指示用标志清晰、实用,公共信息图形符号符合 GB/T10001.1 和 GB/T10001.2 的规定。

6.4.4 有中央空调(别墅式度假饭店除外),各区域通风良好。

6.4.5 有与本星级相适应的计算机管理系统。

6.4.6 有公共音响转播系统。背景音乐曲目、音量适宜,音质良好。

6.4.7 设施设备养护良好,无噪声,达到整洁、卫生和有效。

6.4.8 各项管理制度健全,与饭店规模和星级相一致。

6.4.9 各种指示用和服务用文字至少用规范的中英文同时表示。

6.4.10 能用普通话和英语提供服务,必要时能用第二种外国语提供服务。

6.4.11 前厅:

a) 面积宽敞,与接待能力相适应;

b) 气氛豪华,风格独特,装饰典雅,色调协调,光线充足;

c) 有与饭店规模、星级相适应的总服务台;

d) 总服务台各区段有中英文标志,接待人员 24h 提供接待、问询和结账服务;

e) 提供留言服务;

f) 提供一次性总账单结账服务(商品除外);

g) 提供信用卡结算服务;

h) 18h 提供外币兑换服务;

i) 提供饭店服务项目宣传品、客房价目表、中英文所在地交通图、所在地和全国主要旅游景点介绍、主要交通工具时刻表及相应报刊;

j) 24h 接受客房预订;

k) 有饭店和客人同时开启的贵重物品保险箱,保险箱位置安全、隐蔽,能够保护客人的隐私;

l) 设门卫应接员,18h 迎送客人;

m) 设专职行李员,有专用行李车,24h 提供行李服务,有小件行李存放处;

n) 有管理人员 24h 在岗值班;

o) 设大堂经理,18h 在岗服务;

p) 在非经营区设客人休息场所;

q) 提供代客预订和安排出租汽车服务;

r) 门厅及主要公共区域有残疾人出入坡道,配备轮椅,有残疾人专用卫生间或厕位,能为残疾人提供必要的服务。

6.4.12 客房:

a) 至少有 40 间(套)可供出租的客房。

b) 70%客房的面积(不含卫生间)不小于 $20m^2$。

c) 装修豪华,有高档软垫床、写字台、衣橱及衣架、茶几、座椅或沙发、床头柜、床头灯、台灯、落地灯、全身镜、行李架等高级配套家具。室内满铺高级地毯,或优质木地板或其他高档地面材料。采用区域照明且目的物照明度良好。

d) 客房门能自动闭合,有门窥镜、门铃及防盗装置。显著位置张贴应急疏散图及相关说明。

e) 有卫生间,装有高级抽水恭桶、梳妆台(配备面盆、梳妆镜和必要的盥洗用品)、浴缸并带淋浴喷头(有单独淋浴间的可以不带淋浴喷头),配有浴帘。水龙头冷热标识清晰。采取有效的防滑措施。采用高档建筑材料装修地面、墙面和顶棚,色调高雅柔和,采用分区照明且目的物照明度良好。有良好的低噪声排风系统,温湿度与客房适宜。有 110V/220V 不间断电源插座、电话副机。配有吹风机。24h 供应冷、热水。

f) 有方便使用的电话机,可以直接拨通或使用预付费电信卡拨打国际、国内长途电话,并备有电话使用说明和所在地主要电话指南。

g) 提供国际互联网接入服务,并有使用说明。

h) 有彩色电视机,播放频道不少于 16 个,画面和音质良好。备有频道指示说明;播放内容应符合中国政府规定。

i) 有客人可以调控且音质良好的音响装置。

j) 有防噪声及隔声措施,效果良好。

k) 有至少两种规格的电源插座,方便客人使用,并提供插座转换器。

l) 有内窗帘及外层遮光窗帘。

m) 有单人间。

n) 有套房。

o) 有至少三个开间的豪华套房。

p) 有与本星级相适应的文具用品。有服务指南、价目表、住宿须知、所在地旅游景点介绍和旅游交通图、与住店客人相适应的报刊。

q) 客房、卫生间每天全面整理一次,每日或应客人要求更换床单、被单及枕套,客用品和消耗品补充齐全,并应客人要求随时进房清扫整理,补充客用品和消耗品。

r) 床上用棉织品(床单、枕芯、枕套、棉被及被衬等)及卫生间针织用品

（浴巾、浴衣、毛巾等）材质良好、工艺讲究、柔软舒适。

s) 提供开夜床服务，放置晚安致意品。

t) 24h 提供冷热饮用水及冰块，并免费提供茶叶或咖啡。

u) 客房内设微型酒吧（包括小冰箱），提供适量酒和饮料，备有饮用器具和价目单。

v) 提供留言及叫醒服务。

w) 客人在房间会客，可应要求提供加椅和茶水服务。

x) 提供衣装干洗、湿洗、熨烫及缝补服务，可在 24h 内交还客人。16h 提供加急服务。

y) 有送餐菜单和饮料单，24h 提供中西餐送餐服务。送餐菜式品种不少于 8 种，饮料品种不少于 4 种，甜食品种不少于 4 种，有可挂置门外的送餐牌。

z) 提供擦鞋服务。

6.4.13　餐厅及吧室：

a) 有布局合理、装饰豪华的中餐厅。

b) 有独具特色、格调高雅、位置合理的咖啡厅（或简易西餐厅），能提供自助早餐、西式正餐。

c) 有宴会单间或小宴会厅。能提供宴会服务。

d) 有专门的酒吧或茶室或其他供客人休息交流且提供饮品服务的场所。

e) 餐具按中西餐习惯成套配置，无破损，卫生、光洁。

f) 菜单及饮品单装帧精致，完整清洁，出菜率不低于 90%。

6.4.14　厨房：

a) 位置合理，布局科学，传菜路线不与其他公共区域交叉。

b) 墙面满铺瓷砖，用防滑材料满铺地面，有地槽，有吊顶。

c) 冷菜间、面点间独立分隔，有足够的冷气设备。冷菜间内有空气消毒设施。

d) 粗加工间与其他操作间隔离，各操作间温度适宜，冷气供给充足。

e) 有必要的冷藏、冷冻设施，生熟食品及半成食品分柜置放。有干货仓库并及时清理过期食品。

f) 洗碗间位置合理。

g) 有专门放置临时垃圾的设施并保持其封闭，排污设施（地槽、抽油烟机和排风口等）保持清洁通畅。

h) 厨房与餐厅之间，有起隔声、隔热和隔气味作用的进出分开的弹簧门。

i) 采取有效的消杀蚊蝇、蟑螂等虫害措施。

6.4.15　会议康乐设施：有会议康乐设施设备，并提供相应服务。

6.4.16　公共区域：

a) 有足够的停车场。

b) 三层以上建筑物有数量充足的高质量客用电梯，轿厢装修高雅；另配有服务电梯。

c) 有公用电话，并配备市内电话簿。

d) 各主要区域均有男女分设的间隔式公共卫生间。

e) 有小商店，出售旅行日常用品、旅游纪念品、工艺品等商品。

f) 有商务中心，代售邮票，代发信件，提供电报、传真、复印、打字、国际长途电话和电脑出租等服务。

g) 代购交通、影剧、参观等票务。

h) 提供市内观光服务。

i) 主要公共区域有闭路电视监控系统。

j) 有应急供电系统和应急照明设施。

k) 走廊地面满铺地毯或其他高档材料，墙面整洁、有装修装饰，24h 光线充足，无障碍物。紧急出口标识清楚醒目，位置合理。

6.4.17 在选择项目中至少具备 26 项。

6.5 五星级

6.5.1 饭店布局和功能划分合理，设施设备使用方便、安全。

6.5.2 内外装修采用高档材料，工艺精致，具有突出风格。

6.5.3 指示用标志清晰、实用、美观，公共信息图形符号符合 GB/T 10001.1 和 GB/T 10001.2 的规定。

6.5.4 有中央空调（别墅式度假饭店除外），各区域通风良好。

6.5.5 有与本星级相适应的计算机管理系统。

6.5.6 有公共音响转播系统。背景音乐曲目、音量适宜，音质良好。

6.5.7 设施设备养护良好，无噪声，达到完备、整洁和有效。

6.5.8 各项管理制度健全，与饭店规模和星级相一致。

6.5.9 各种指示用和服务用文字至少用规范的中英文同时表示。

6.5.10 能用普通话和英语提供服务，必要时能够用第二种外国语提供服务。

6.5.11 前厅：

a) 空间宽敞，与接待能力相适应，不使客人产生压抑感。

b) 气氛豪华，风格独特，装饰典雅，色调协调，光线充足。

c) 有与饭店规模、星级相适应的总服务台。

d) 总服务台各区段有中英文标志，接待人员 24h 提供接待、问询和结账服务。

e) 提供留言服务。

f) 提供一次性总账单结账服务（商品除外）。

g) 提供信用卡结算服务。

h) 18h 提供外币兑换服务。

i) 提供饭店服务项目宣传品、客房价目表、中英文所在地交通图、全国旅游交通图、所在地和全国旅游景点介绍、主要交通工具时刻表、与住店客人相适应的报刊。

j) 24h 接受客房预订。

k) 有饭店和客人同时开启的贵重物品保险箱。保险箱位置安全、隐蔽，能够保护客人的隐私。

l) 设门卫应接员，18h 迎送客人。

m) 设专职行李员，有专用行李车，24h 提供行李服务。有小件行李存放处。

n) 有管理人员 24h 在岗值班。

o) 设大堂经理，18h 在岗服务。

p) 在非经营区设客人休息场所。

q) 提供代客预订和安排出租汽车服务。

r) 门厅及主要公共区域有残疾人出入坡道，配备轮椅，有残疾人专用卫生间或厕位，能为残疾人提供必要的服务。

6.5.12 客房：

a) 至少有 40 间（套）可供出租的客房。

b) 70% 客房的面积（不含卫生间和门廊）不小于 $20m^2$。

c) 装修豪华，具有文化氛围，有舒适的床垫、写字台、衣橱及衣架、茶几、座椅或沙发、床头柜、床头灯、台灯、落地灯、全身镜、行李架等高级配套家具。室内满铺高级地毯，或用优质木地板或其他高档材料装饰。采用区域照明且目的物照明度良好。

d) 客房门能自动闭合，有门窥镜、门铃及防盗装置。显著位置张贴应急疏散图及相关说明。

e) 有面积宽敞的卫生间，装有高级抽水恭桶、梳妆台（配备面盆、梳妆镜和必要的盥洗用品）、浴缸并带淋浴喷头（另有单独淋浴间的可以不带淋浴喷头），配有浴帘。水龙头冷热标识清晰。采取有效的防滑措施。采用豪华建筑材料装修地面、墙面和顶棚，色调高雅柔和，采用分区照明且目的物照明度良好。有良好的无明显噪声的排风系统，温度与客房无明显差异。有 110V/220V 不间断电源插座、电话副机。配有吹风机。24h 供应冷、热水。

f) 有方便使用的电话机，可以直接拨通或使用预付费电信卡拨打国际、国内长途电话，并备有电话使用说明和所在地主要电话指南。

g) 提供国际互联网接入服务，并备有使用说明。

h) 有彩色电视机，播放频道不少于 16 个，画面和音质优良。备有频道指示说明。播放内容应符合中国政府规定。

i) 有可由客人调控且音质良好的音响装置。

j) 有防噪声及隔声措施，效果良好。
k) 有至少两种规格的电源插座，方便客人使用，并提供插座转换器。
l) 有纱帘及遮光窗帘。
m) 有单人间。
n) 有套房。
o) 有至少四个开间的豪华套房。
p) 有与本星级相适应的文具用品。有服务指南、价目表、住宿须知、所在地旅游景区（点）介绍和旅游交通图、与住店客人相适应的报刊。
q) 客房、卫生间每天全面清理一次，每日或应客人要求更换床单、被单及枕套。客用品和消耗品补充齐全，并应客人要求随时进房清理，补充客用品和消耗品。
r) 床上用棉织品（床单、枕芯、枕套、棉被及被衬等）及卫生间针织用品（浴巾、浴衣、毛巾等）材质良好、工艺讲究、柔软舒适。
s) 提供开夜床服务，放置晚安致意品。
t) 24h 提供冷热饮用水及冰块，并免费提供茶叶或咖啡。
u) 客房内设微型酒吧（包括小冰箱），提供适量酒和饮料，备有饮用器具和价目单。
v) 客人在房间会客，可应要求提供加椅和茶水服务。
w) 提供叫醒、留言及语音信箱服务。
x) 提供衣装干洗、湿洗、熨烫及修补服务，可在 24h 内交还客人。18h 提供加急服务。
y) 有送餐菜单和饮料单，24h 提供中西餐送餐服务。送餐菜式品种不少于 8 种，饮料品种不少于 4 种，甜食品种不少于 4 种，有可挂置门外的送餐牌。
z) 提供擦鞋服务。

6.5.13 餐厅及吧室：
a) 有布局合理、装饰豪华的中餐厅。
b) 有布局合理、装饰豪华、格调高雅的专业外国餐厅，配有专门厨房。
c) 有独具特色、格调高雅、位置合理的咖啡厅（或简易西餐厅），能提供自助早餐、西式正餐。咖啡厅（或有一餐厅）营业时间不少于 18h 并有明确的营业时间。
d) 有三个以上宴会单间或小宴会厅。能提供宴会服务。
e) 有专门的酒吧或茶室或其他供客人休息交流且提供饮品服务的场所。
f) 餐具按中外习惯成套配置，材质高档，工艺精致，有特色，无破损磨痕，光洁、卫生。
g) 菜单及饮品单装帧精美，完整清洁，出菜率不低于 90%。

6.5.14 厨房：
a) 位置合理，布局科学，传菜路线不与其他公共区域交叉。

b) 墙面满铺瓷砖，用防滑材料满铺地面，有地槽，有吊顶。

c) 冷菜间、面点间独立分隔，有足够的冷气设备。冷菜间内有空气消毒设施。

d) 冷菜间有二次更衣场所及设施。

e) 粗加工间与其他操作间隔离，各操作间温度适宜，冷气供应充足。

f) 有必要的冷藏、冷冻设施，生熟食品及半成食品分柜置放。有干货仓库并定期清理过期食品。

g) 洗碗间位置合理。

h) 有专门放置临时垃圾的设施并保持其封闭，排污设施（地槽、抽油烟机和排风口等）保持畅通清洁。

i) 厨房与餐厅之间，有起隔声、隔热和隔气味作用的进出分开的弹簧门。

j) 采取有效的消杀蚊蝇、蟑螂等虫害措施。

6.5.15 会议康乐设施：有会议康乐设施设备，并提供相应服务。

6.5.16 公共区域：

a) 有足够的停车场。

b) 三层以上建筑物有数量充足的高质量客用电梯，轿厢装饰高雅；另配有服务电梯。

c) 有公用电话，并配备市内电话簿。

d) 各主要区域均有男女分设的间隔式公共卫生间。

e) 有小商店，出售旅行日常用品、旅游纪念品、工艺品等商品。

f) 有商务中心，代售邮票，代发信件，代办电报、电传、传真、复印、国际长途电话，提供打字和电脑出租等服务。

g) 代购交通、影剧、参观等票务。

h) 提供市内观光服务。

i) 有紧急救助室。

j) 有应急供电系统和应急照明设施。

k) 主要公共区域有闭路电视监控系统。

l) 走廊地面满铺地毯或其他高档材料，墙面整洁、有装修装饰，24h 光线充足，无障碍物。紧急出口标识清楚醒目，位置合理。

6.5.17 在选择项目中至少具备33项。

6.6 白金五星级

6.6.1 具有两年以上五星级饭店资格。

6.6.2 地理位置处于城市中心商务区或繁华地带，交通极其便利。

6.6.3 建筑主题鲜明，外观造型独具一格，有助于所在地建立旅游目的地形象。

6.6.4 内部功能布局及装修装饰能与所在地历史、文化、自然环境相结合，恰到好处地表现和烘托其主题氛围。

6.6.5 除有富丽堂皇的门廊及入口外,饭店整体氛围极其豪华气派。

6.6.6 各类设施设备配置齐全,品质一流;有饭店内主要区域温湿度自动控制系统。

6.6.7 有位置合理、功能齐全、品位高雅、装饰华丽的行政楼层专用服务区,至少对行政楼层提供24h管家式服务。

6.6.8 以下项目中至少具备五项:

a) 普通客房面积不小于36m²。

b) 有布局合理、装饰豪华、格调高雅、符合国际标准的高级西餐厅,可提供正规的西式正餐和宴会。

c) 有位置合理、装饰高雅、气氛浓郁的独立封闭式酒吧。

d) 有净高度不小于5m、至少容纳500人的宴会厅。

e) 国际认知度极高,平均每间可供出租客房收入连续三年居于所在地五星级饭店前列。

f) 有规模壮观、构思独特、布局科学、装潢典雅、出类拔萃的专项配套设施。

6.6.9 在选择项目中至少具备37项。

6.7 选择项目(共73项)

6.7.1 综合类别(21项):

a) 五家以上饭店共享同一连锁品牌或10家以上饭店由同一家饭店管理公司管理。

b) 总经理连续五年以上担任过同级饭店高级管理职位。

c) 总经理连续两年以上接受饭店管理专业教育或培训。

d) 总经理持有全国旅游岗位培训指导机构颁发的《旅游行业管理人员岗位培训证书》。

e) 不少于15%的员工通过全国旅游岗位培训指导机构认可的"旅游饭店职业英语等级测试"。

f) 委托代办服务("金钥匙")。

g) 电梯内有方便残疾人使用的按键。

h) 有残疾人客房。

i) 客用电梯轿厢内两侧均有按键。

j) 不少于50%的客房配备客用保险箱。

k) 不少于70%的客房内配有静音、节能、环保型冰箱。

l) 为客房内床上用品及卫生间一次性客用品、客用布草的再次使用设有征询客人意见牌。

m) 客房内配有逃生用充电式手电。

n) 客房卫生间有大包装、循环使用的洗发液、沐浴液方便容器。
o) 客房卫生间配备防雾梳妆镜或化妆放大镜。
p) 不少于50%的客房卫生间淋浴与浴缸分设。
q) 不少于50%的客房卫生间干湿区分开（或有独立的化妆间）。
r) 客房卫生间有饮用水系统。
s) 设有无烟楼层。
t) 餐厅、吧室均设有无烟区。
u) 餐厅及吧室不使用一次性筷子、一次性湿毛巾和塑料桌布。

6.7.2 特色类别一（20项）：
a) 至少容纳200人的多功能厅或专用会议室，并有良好的隔声、遮光效果，配设衣帽间。
b) 至少容纳200人的大宴会厅，配有序厅和专门厨房。
c) 至少两个小会议室或洽谈室（至少容纳10人）。
d) 现场监控系统及视音频转播系统。
e) 有录音、扩音功能的音响控制系统。
f) 同声传译设施（至少两种语言）。
g) 多媒体演示系统（含电脑、多媒体投影仪、实物投影仪等）。
h) 会议即席发言麦克风。
i) 至少 $2000m^2$ 的展厅。
j) 独立的鲜花店。
k) 独立的酒吧、茶室等。
l) 大堂酒吧。
m) 饼屋。
n) 所有客房内配有电熨裤机。
o) 所有客房附设写字台电话。
p) 套房数量占客房总数的10%以上。
q) 所有套房供主人和来访客人使用的卫生间分设。
r) 有五个以上开间的豪华套房。
s) 设行政楼层，有本楼层客人专用服务区。
t) 行政楼层客房内配有可收发传真或上网的设备。

6.7.3 特色类别二（16项）：
a) 有观光电梯。
b) 有自动扶梯。
c) 歌舞厅。
d) 有影剧场，舞台设施和舞台照明系统能满足一般演出需要。

e) 美容美发室。
f) 健身中心。
g) 桑拿浴。
h) 保健按摩。
i) 视音频交互服务系统（VOD），提供客房内可视性帐单查询服务。
j) 提供语音信箱服务。
k) 24h 提供加急洗衣服务。
l) 定期歌舞表演。
m) 专卖店或商场。
n) 独立的书店或图书馆（至少有1000册图书）。
o) 有24h营业的餐厅。
p) 旅游信息电子查询系统。

6.7.4 特色类别三（16项）：

a) 自用温泉或海滨浴场或滑雪场。
b) 不少于30%的客房有阳台。
c) 室内游泳池。
d) 室外游泳池。
e) 棋牌室。
f) 游戏机室。
g) 桌球室。
h) 乒乓球室。
i) 保龄球室（至少4道）。
j) 网球场。
k) 高尔夫练习场。
l) 电子模拟高尔夫球场。
m) 高尔夫球场（至少9洞）。
n) 壁球场。
o) 射击或射箭场。
p) 其他运动休闲项目。

广播电视中心

■ 相关规范

名称	编号或文号	批准/发布部门	实施日期
广播电视工程项目建设用地指标	建标〔1998〕18号	建设部 国家土地管理局	1998年5月1日

■ 内部构成

广播电视工程项目建设用地指标 建标〔1998〕18号

第3.1.1条 省级广播中心工程项目建设用地指标由下列主要工程设施的用地组成：

一、工艺及配套设施：包括节目制作用房、节目播出和传送用房、计算机用房、空调、水、电用房及消防、安保、通信用房、倒班宿舍等。除建筑物外，还有构筑物、道路、停车场等。不包括广播剧场及其辅助用房。

二、办公及辅助设施：包括办公用房、图书资料室、声音资料室、汽车库等。不包括营业用房。

三、生活服务设施：包括食堂、浴室、医务所、单身宿舍、警卫用房等。不包括家属宿舍、托儿所、招待所等。

第3.2.1条 省级电视中心工程项目建设用地指标由下列主要工程设施的用地组成：

一、工艺及配套设施：包括节目制作用房、节目播出和传送用房、计算机用房、空调、水、电用房及消防、安保、通信用房、倒班宿舍等。除建筑物外，还有构筑物、道路、停车场等。不包括电视剧场及其辅助用房、外景摄制场地等。

二、办公及辅助设施：包括办公用房、图书资料室、音像资料室、汽车库等。不包括营业用房。

三、生活服务设施：包括食堂、浴室、医务所、单身宿舍、警卫用房等。不包括家属宿舍、托儿所、招待所等。

第3.3.1条 省级广播电视中心工程项目建设用地指标由下列主要工程设施的用地组成：

一、工艺及配套设施：包括节目制作用房、节目播出和传送用房、计算机用房、空调、水、电用房及消防、安保、通讯用房、倒班宿舍等。除建筑物外，还有构筑物、道路、停车场等。不包括广播电视剧场及其辅助用房、外景摄制场地等。

二、办公及辅助设施：包括行政办公用房、图书资料室、音像资料室、汽车库等。不包括营业用房。

三、生活服务设施：包括食堂、浴室、医务所、单身宿舍、警卫用房等。不包括家属宿舍、托儿所、招待所等。

第3.4.1条 省辖市级广播电视中心工程项目建设用地指标由下列主要工程设施的用地组成：

一、工艺及配套设施：包括节目制作用房、节目播出和传送用房、计算机用房、空调、水、电用房及消防、安保、通信用房、倒班宿舍等。除建筑物外，还有构筑物、道路、停车场等。不包括广播电视剧场及其辅助用房、外景摄制场地等。

二、办公及辅助设施：包括行政办公用房、图书资料室、音像资料室、汽车库等。不包括营业用房。

三、生活服务设施：包括食堂、浴室、医务所、单身宿舍、警卫用房等。不包括家属宿舍、托儿所、招待所等。

■ 设置规定与建设标准

广播电视工程项目建设用地指标　建标［1998］18号

第3.1.2条 省级广播中心工程建设用地指标，系按下列要求和技术条件制订：

省级广播中心工程按日自办节目套数、日播出时间量、日自制节目量、人员编制数及文艺录音室大小等分为三类。各类规模应符合表3.1.2的规定：

省级广播中心建设规模分类　　表3.1.2

项目 \ 类别	I类	II类	III类
自办节目套数（套）	2~3	4~5	5~10
日播出时间量（h）	30~40	50~60	70~100
日自制节目量（h）	6	8	12
人员编制数（人）	300	400	500
文艺录音室面积（m^2）	250	250、400	250、400、800

第3.1.3条 省级广播中心建设用地指标不应超过表3.1.3的规定：

省级广播中心建设用地指标　　　　　　表3.1.3

类别	建设用地指标（hm²）
I	1.50
II	1.80
III	2.30

当具体工程项目的建设规模、技术条件与上述用地指标不符时，应按实际情况经技术经济论证后，合理调整建设用地指标。

第3.1.4条 省级广播中心工程建筑系数不应低于35%。

第3.2.2条 省级电视中心建设用地指标，系按下列要求和技术条件制订：省级电视中心工程按日自办节目套数、日播出时间量、日自制节目量、人员编制数及演播室面积和文艺录音室大小等分为三类。各类规模应符合表3.2.2的规定。

省级电视中心建设规模分类　　　　　　表3.2.2

类别 项目	I类	II类	III类
自办节目套数（套）	1~2	2~3	3~4
日播出时间量（h）	30	40	60
日自制节目量（h）	4	7	11
人员编制数（人）	400	600	900
演播室面积（m²）	250、600	250、400、800	250×2、600、1000
文艺录音室面积（m²）	250	250、400	250、400、800

第3.2.3条 省级电视中心建设用地指标不应超过表3.2.3的规定：

省级电视中心建设用地指标　　　　　　表3.2.3

类别	建设用地指标（hm²）
I	3.10
II	4.00
III	5.90

当具体工程项目的建设规模、技术条件与上述用地指标不符时，应按实际情况

经技术经济论证后，合理调整建设用地指标。

第3.2.4条　省级电视中心工程建筑系数不应低于35%。

第3.3.2条　省级广播电视中心工程建设用地指标，系按下列要求和技术条件制订：

省级广播中心工程按日自办节目套数、日播出时间量、日自制节目量、人员编制数及演播室和文艺录音室大小等分为三类。各类规模应符合表3.3.2的规定：

省级广播电视中心建设规模分类　　　　　　　　　　　　表3.3.2

类别 项目	Ⅰ类		Ⅱ类		Ⅲ类	
	广播	电视	广播	电视	广播	电视
自办节目套数（套）	2~3	2	4~5	2~3	6~10	3~4
日播出时间量（h）	30~40	30	50~60	40	70~100	60
日自制节目量（h）	6	4	8	7	12	11
人员编制数（人）	750		1100		1500	
演播室面积（m²）	250、600		250、400、600		250×2、400、600、	
文艺录音室面积（m²）	250		250、400		1000、250、400、800	

第3.3.3条　省级广播电视中心建设用地指标不应超过表3.3.3的规定：

省级广播电视中心建设用地指标　　　　　　表3.3.3

类别	建设用地指标（hm²）
Ⅰ	4.50
Ⅱ	5.60
Ⅲ	7.90

当具体工程项目的建设规模、技术条件与上述用地指标不符时，应按实际情况经技术经济论证后，合理调整建设用地指标。

第3.3.4条　省级广播电视中心工程建筑系数不应低于35%。

第3.4.2条　省辖市级广播电视中心工程建设用地指标，系按下列要求和技术条件制订：省辖市级广播中心工程按日自办节目套数、日播出时间量、日自制节目量、人员编制数及演播室和文艺录音室大小等分为三类。各类规模应符合表3.4.2的规定：

省辖市级广播电视中心建设规模分类　　　　　表 3.4.2

类别 项目	I 类 广播	I 类 电视	II 类 广播	II 类 电视	III 类 广播	III 类 电视
自办节目套数（套）	2	2	2	2	2~3	2~3
日播出时间量（h）	20~30	20	30~40	30	40~60	40
日自制节目量（h）	3	2	6	3	9	5
人员编制数（人）	250		350		500	
演播室面积（m²）	400		250、600		250、400、800	
文艺录音室面积（m²）	150		250		200、400	

第 3.4.3 条　省辖市级广播电视中心建设用地指标不应超过表 3.4.3 的规定：

省辖市级广播电视中心建设用地指标　　　　　表 3.4.3

类别	建设用地指标（hm²）
I	1.50
II	2.10
III	4.00

当具体工程项目的建设规模、技术条件与上述用地指标不符时，应按实际情况经技术经济论证后，合理调整建设用地指标。

第 3.4.4 条　省辖市级广播电视中心工程建筑系数不应低于 35%。

公共图书馆

第十二条　公共图书馆：指由各级人民政府投资兴办，向社会公众开放的图书馆，是具有文献信息资源的收集、整理、存储、传播、研究和服务等功能的公益性文化与社会教育设施。（公共图书馆建设用地指标）[①]

■ 相关规范

名称	编号或文号	批准/发布部门	实施日期
图书馆建筑设计规范	JGJ 38—99	建设部 文化部 教育部	1999年10月1日
公共图书馆建设标准	建标108—2008	住房和城乡建设部 国家发展和改革委员会	2008年11月1日
公共图书馆建设用地指标	建标[2008] 74号	住房和城乡建设部 国土资源部 文化部	2008年6月1日

■ 分类[②]

公共图书馆建设用地指标　建标［2008］74号

第十六条　公共图书馆根据服务人口数量分为大型馆、中型馆和小型馆。

大型馆：指服务人口150万（含）、建筑面积20000m^2以上的公共图书馆，其主要功能为文献信息资料借阅等日常公益性服务以及文献收藏、研究、业务指导和培训、文化推广等。

中型馆：指服务人口20~150万、建筑面积4500~20000m^2的公共图书馆，其主要功能为文献信息资料借阅、大众文化传播等日常公益性服务。

小型馆：指服务人口5~20万（含）、建筑面积1200~4500m^2的公共图书馆，

[①] JGJ 38—99《图书馆建筑设计规范》2.0.1的定义为：具备收藏、管理、流通等一整套使用空间和技术设备用房，面向社会大众服务的各级图书馆，如省、直辖市、自治区、市、地区、县图书馆，其特点是收藏学科广泛，读者成分多样。

[②] 建标108—2008《公共图书馆建设标准》第十一条有相同分类。

其主要功能为文献信息资料借阅、大众文化传播等日常公益性服务。

■ 内部构成

公共图书馆建设标准　建标 108—2008

第十二条　公共图书馆的建设内容包括房屋建筑、场地、建筑设备和图书馆技术设备。

第十三条　公共图书馆的房屋建筑包括藏书、借阅、咨询服务、公共活动与辅助服务、业务、行政办公、技术设备、后勤保障八类用房。

各级公共图书馆用房项目设置见附录。

第十四条　公共图书馆的场地包括人员集散场地、道路、停车场、绿化用地等。

公共图书馆建设用地指标　建标［2008］74 号

第十七条　公共图书馆建设用地主要包括公共图书馆建筑用地、集散场地、绿化用地及停车场地。

图书馆建筑设计规范　JGJ 38—99

4.1.1　图书馆建筑设计应根据馆的性质、规模和功能，分别设置藏书、借书、阅览、出纳、检索、公共及辅助空间和行政办公、业务及技术设备用房。

■ 设置规定与建设标准

公共图书馆建设标准　建标 108—2008

第十九条　大、中型公共图书馆应独立建设。小型公共图书馆宜与文化馆等其他文化设施合建。公共图书馆与其他文化设施合建时，必须满足其使用功能和环境要求，并自成一区，单独设置出入口。

第二十条　公共图书馆总建筑面积以及相应的总藏书量、总阅览座位数量，按表 2 的控制指标执行。[①]

---

① 建标［2008］74 号《公共图书馆建设用地指标》第二十条～第二十二条中对不同规模的图书馆的建筑面积进行了规定。两标准不同之处在于对于图书馆规模的分类，本标准采用范围界定，建标［2008］74 号《公共图书馆建设用地指标》采用累进的整数值，但对于建筑面积的控制与本标准采用内差法测算的数值基本一致。

公共图书馆总建筑面积以及相应的总藏书量、
总阅览座位数量控制指标　　　　　　　　表2

规模	服务人口（万）	建筑面积		藏书量		阅览座位	
		千人面积指标（m²/千人）	建筑面积控制指标（m²）	人均藏书（册、件/人）	总藏量（万册、件）	千人阅览座位（座/千人）	总阅览座位（座）
大型	400~1000	9.5~6	38000~60000	0.8~0.6	320~600	0.6~0.3	2400~3000
	150~400	13.3~9.5	20000~38000	0.9~0.8	135~320	0.8~0.6	200~2400
中型	100~150	13.5~13.3	13500~20000	0.9	90~135	0.9~0.8	900~1200
	50~100	15~13.5	7500~13500	0.9	45~90	0.9	450~900
	20~50	22.5~15	4500~7500	1.2~0.9	24~45	1.2~0.9	240~450
小型	10~20	23~22.5	2300~4500	1.2	12~24	1.3~1.2	130~240
	3~10	27~23	800~2300	1.5~1.2	4.5~12	2.0~1.3	60~130

注：1. 服务人口1000万以上的，参照1000万服务人口的人均藏书量、千人阅览座位数指标执行。服务人口3万以下的，不建设独立的公共图书馆，应与文化馆等文化设施合并建设，其用于图书馆部分的面积，参照3万服务人口的人均藏书量、千人阅览座位指标执行；

2. 表中服务人口处于两个数值区间，采用直线内插法确定其建筑面积、藏书量和阅览座位指标；

3. 建筑面积指标所包含的项目见附录。

第二十一条　在确定公共图书馆建筑面积时，首先应依据服务人口数量和表2确定相应的藏书量、阅览座位和建筑面积指标，再综合考虑服务功能、文献资源的数量与品种和当地经济发展水平因素，在一定的幅度内加以调整。

一、根据服务功能调整，是指省、地两级具有中心图书馆功能的公共图书馆增加满足功能需要的用房面积。主要包括增加配送中心、辅导、协调和信息处理、中心机房（主机房、服务器）、计算机网络管理与维护等用房的面积。

二、根据文献资源的数量与品种调整总建筑面积的方法是：

1. 根据藏书量调整建筑面积＝(设计藏书量－藏书量指标)÷每平方米藏书量标准÷使用面积系数

2. 根据阅览座位数量调整建筑面积＝(设计藏书量－藏书量指标)÷1000册/座位×每个阅览坐席所占面积指标÷使用面积系数

三、根据当地经济发展水平调整总建筑面积，主要采取调整人均藏书量指标以及相应的千人阅览座位指标的方法。调整后的人均藏书量不应低于0.6册（5万人口以下的，人均藏书量不应少于1册）。

四、总建筑面积调整幅度应控制在+20%以内。

第二十二条　少年儿童图书馆的建筑面积指标包括在各级公共图书馆总建筑面积指标之内，可以独立建设，也可以合并建设。

独立建设的少年儿童图书馆，其建筑面积应依据服务的少年儿童人口数量按表2的规定执行；合并建设的公共图书馆，专门用于少年儿童的藏书与借阅区面积之和应控制在藏书和借阅区总面积的10%~20%。

公共图书馆建设用地指标　建标［2008］74号

第十八条　公共图书馆的设置应符合表1的要求，逐步发展成为公共图书馆体系。

大型馆覆盖的6.5km服务半径内不应再设置中型馆；大、中型馆覆盖的2.5km服务半径内不应再设置小型馆。

公共图书馆的设置原则　　表1

服务人口（万人）	设置原则	服务半径（km）
≥150	大型馆：设置1~2处，但不得超过2处；服务人口达到400万时，宜分2处设置	≤9.0
	中型馆：每50万人口设置1处	≤6.5
	小型馆：每20万人口设置1处	≤2.5
20~150	中型馆：设置1处	≤6.5
	小型馆：每20万人口设置1处	≤2.5
5~20	小型馆：设置1处	≤2.5

第二十条　小型馆建设用地控制指标应符合表2的规定。

小型馆建设用地控制指标　　表2

服务人口（万人）	藏书量［万册（件）］	建筑面积（m²）	容积率	建筑密度（%）	用地面积（m²）
5	5	1200	≥0.8	25~40	1200~1500
10	10	2300	≥0.9	25~40	2000~2500
15	15	3400	≥0.9	25~40	3000~4000
20	20	4500	≥0.9	25~40	4000~5000

注：1. 表中服务人口指小型馆所在城镇或服务片区内的规划总人口；
　　2. 表中用地面积为单个小型馆建设用地面积。

第二十一条　中型馆建设用地控制指标应符合表3的规定。

中型馆建设用地控制指标　　　　　　　　　　　　　表3

服务人口 （万人）	藏书量 [万册（件）]	建筑面积（m²）	容积率	建筑密度（%）	用地面积（m²）
30	30	5500	≥1.0	25~40	4500~5500
40	35	6500	≥1.0	25~40	5500~6500
50	45	7500	≥1.0	25~40	6500~7500
60	55	8500	≥1.1	25~40	7000~8000
70	60	9500	≥1.1	25~40	8000~9000
80	70	11000	≥1.1	25~40	8500~10000
90	80	12500	≥1.2	25~40	9000~10500
100	90	13500	≥1.2	25~40	9500~11000
120	100	16000	≥1.2	25~40	10000~13000

注：1. 表中服务人口指中型馆所在城镇或服务片区内的规划总人口；
　　2. 表中用地面积为单个中型馆建设用地面积。

第二十二条　大型馆建设用地控制指标应符合表4的规定。

大型馆建设用地控制指标　　　　　　　　　　　　　表4

服务人口 （万人）	藏书量 [万册（件）]	建筑面积（m²）	容积率	建筑密度（%）	用地面积（m²）
150	130	20000	≥1.2	30~40	11000~17000
200	180	27000	≥1.2	30~40	14000~22000
300	270	40000	≥1.3	30~40	20000~30000
400	360	53000	≥1.4	30~40	27000~38000
500	500	70000	≥1.5	30~40	35000~47000
800	800	104000	≥1.5	30~40	46000~69000
1000	1000	120000	≥1.5	30~40	52000~80000

注：1. 表中服务人口指大型馆所在城市的规划总人口；
　　2. 表中用地面积是指大型馆建设用地（包括分2处建设）的总面积；
　　3. 大型馆总藏书超过1000万册的，可按照每增加100万册藏书，增补建设用地5000m²进行控制。

第二十三条　公共图书馆停车场地包括自行车停车和机动车停车。
自行车停车宜达到每百平方米建筑面积配建两个车位的标准。
小型馆原则上不宜设置机动车停车场。大、中型馆的机动车停车，应以利用地下空间为主；确需设置地面停车场的，其用地不得超过建设用地总面积的8%。
第十一条　用地十分紧张的城市或山地城市，公共图书馆的用地面积应适当减少。

图书馆建筑设计规范　JGJ 38—99

3.2.3　设有少年儿童阅览区的图书馆，该区应有单独的出入口，室外应有设施较完善的儿童活动场地。

3.2.4　图书馆的室外环境除当地规划部门有专门的规定外，新建公共图书馆的建筑物基地覆盖率不宜大于40%。

3.2.6　馆区内应根据馆的性质和所在地点做好绿化设计。绿化率不宜小于30%。[①] 栽种的树种应根据城市气候、土壤和能净化空气等条件确定。绿化与建筑物、构筑物、道路和管线之间的距离，应符合有关规定。

■ 选址与防护要求

公共图书馆建设标准　建标 108—2008

第十七条　公共图书馆选址的要求是：

一、宜位于人口集中、交通便利、环境相对安静、符合安全和卫生及环保标准的区域。[②]

二、应符合当地建设的总体规划及公共文化事业专项规划，布局合理。[③]

三、应具备良好的工程地质及水文地质条件。

四、市政配套设施条件良好。

图书馆建筑设计规范　JGJ 38—99

3.1.1　馆址的选择应符合当地的总体规划及文化建筑的网点布局。

3.1.2　馆址应选择位置适中、交通方便、环境安静、工程地质及水文地质条件较有利的地段。

3.1.3　馆址与易燃易爆、噪声和散发有害气体、强电磁波干扰等污染源的距离，应符合有关安全卫生环境保护标准的规定。

3.1.4　图书馆宜独立建造。当与其他建筑合建时，必须满足图书馆的使用功能和环境要求，并自成一区，单独设置出入口。

---

① 《公共图书馆建设用地指标》建标［2008］74 号第十八条规定绿地率宜为 30%~35%。
② 《公共图书馆建设用地指标》建标［2008］74 号第十九条有相似规定。
③ 《公共图书馆建设用地指标》建标［2008］74 号第八条有相似规定。

文化馆

文化馆：文化馆是国家设立的县（自治县）、旗（自治旗）、市辖区的文化事业机构，隶属于当地政府；是开展社会主义宣传教育，组织辅导群众文化艺术（娱乐）活动的综合性文化部门和活动场所。（文化馆建筑设计规范）

■ 相关规范

名称	编号或文号	批准/发布部门	实施日期
文化馆建筑设计规范	JGJ 41—87	城乡建设环境保护部 文化部	1988年6月1日
文化馆建设用地指标	建标［2008］128号	住房和城乡建设部 国土资源部 文化部	2008年10月1日

■ 分类

文化馆建设用地指标　建标［2008］128号

第十二条　文化馆按其行政管理级别分为省（自治区、直辖市）级文化馆、市（地、州、盟）级文化馆和县（旗、市、区）级文化馆3个等级。

省、自治区、直辖市应设置省级文化馆，市（地、州、盟）应设置市级文化馆，县（旗、市、区）应设置县级文化馆。

第十三条　文化馆按其建设规模分为大型馆、中型馆和小型馆3种类型。

建筑面积达到或超过6000m^2的为大型馆；

建筑面积达到或超过4000m^2但不足6000m^2的为中型馆；

建筑面积达到或超过2000m^2但不足4000m^2的为小型馆。

■ 内部构成

文化馆建设用地指标　建标［2008］128号

第十五条　文化馆建设用地包括文化馆建筑用地、室外活动场地、绿化用地、道路和停车场用地。

文化馆建筑设计规范 JGJ 41—87

第3.1.1条 文化馆一般应由群众活动部分、学习辅导部分、专业工作部分及行政管理部分组成。各类用房根据不同规模和使用要求可增减或合并。

■ 设置规定与建设标准

文化馆建设用地指标 建标［2008］128号

第十四条 文化馆的设置原则应满足表1的规定。

服务人口不足5万人的地区，不设置独立的文化馆建设用地，鼓励文化馆与其他相关文化设施联合建设。

文化馆的设置原则　　　　　　　　　　　　　　表1

类型	设置原则	城镇人口或服务人口（万人）	服务范围或服务半径
大型馆	省会、自治区首府、直辖市和大城市	≥50	市区
中型馆	中等城市	20~50	市区
	市辖区	≥30	3.0~4.0km
小型馆	小城市、县城	5~20	市区或镇区
	市辖区或独立组团	5~30	1.5~2.0km

注：大型馆覆盖的4.0km服务半径内不再设置中型馆；大、中型馆覆盖的2.0km服务半径内不再设置小型馆。

第十六条 各类文化馆的建设用地面积控制指标应符合表2的规定。

文化馆建设用地控制指标　　　　　　　　　　　　表2

类型	建筑面积（m²）	容积率	建筑密度（%）	建设用地总面积（m²）	建设用地中的室外活动场地（m²）
大型馆	≥6000	≥1.3	25~40	4500~6500	1200~2000
中型馆	4000~6000	≥1.2	25~40	3500~5000	900~1500
小型馆	2000~4000	≥1.0	25~40	2000~4000	600~1000

第十七条 文化馆停车场地包括自行车停车和机动车停车。

自行车停车应按每百平方米建筑面积2个车位配置。

机动车停车应充分利用地下空间及社会停车设施，地面停车场地面积应控制在建设用地总面积的8%以内。

■ 选址与防护要求[1]

文化馆建设用地指标　建标［2008］128 号

第九条　文化馆的选址，应在城镇人口集中、交通便利（大城市和特大城市应满足公交便利）、环境优美、适宜开展群众活动的地区；宜结合城镇广场、公园绿地等公共活动空间综合布置，避免或减少对医院、学校、幼儿园、住宅区等需要安静环境的建筑的影响。

---

[1] 《文化馆建筑设计规范》JGJ 41—87　第 2.0.2 条、第 2.0.5 条有类似规定。

科学技术馆

■ 相关规范

名称	编号或文号	批准/发布部门	实施日期
科学技术馆建设标准	建标 101—2007	建设部 国家发展和改革委员会	2007年8月1日

■ 分类

科学技术馆建设标准　　建标 101—2007

第十六条　科技馆建设规模按建筑面积分类，分成特大、大、中、小型4类。

建筑面积30000m² 以上的为特大型馆。

建筑面积15000m² 以上至30000m² 的为大型馆。

建筑面积8000m² 以上至15000m² 的为中型馆。

建筑面积8000m² 及以下的为小型馆。

科技馆的建筑面积不宜小于5000m²，常设展厅建筑面积不应小于3000m²，短期展厅建筑面积不宜小于500m²。

■ 内部构成

科学技术馆建设标准　　建标 101—2007

第十二条　科技馆房屋建筑工程的房屋主要由展览教育用房、公众服务用房、业务研究用房、管理保障用房等组成。

展览教育用房主要包括：常设展厅、短期展厅、报告厅、影像厅、科普活动室等。

公众服务用房主要包括：门厅、大厅、休息厅、票房、问讯处、商品部、餐饮部、卫生间、医务室等。

业务研究用房包括：设计研究室、展品制作维修车间、图书资料室、技术档案室、声像制作室、展（藏）品和材料库等。

管理保障用房包括：办公室、会议室、接待室、值班室、警卫室、食堂及水、电、暖、空调、通讯设备用房等。

第十三条 科技馆的室外工程由道路、室外管线、观众集散场地、室外展览场地、室外活动场地、停车场地及园林绿化等组成。

■ 设置规定与建设标准

科学技术馆建设标准 建标 101—2007

第十五条 中小型科技馆不宜设置穹幕、巨幕电影厅。影像厅和报告厅可一厅多用。

第十七条 科技馆建设规模适用范围：

特大型馆一般适用于城市户籍人口 400 万人以上的城市。

大型馆一般适用于城市户籍人口在 200 万以上至 400 万人的城市。

中型馆一般适用于城市户籍人口在 100 万以上至 200 万人的城市。

小型馆一般适用于城市户籍人口在 50 万至 100 万人的城市。

科技馆建设规模中建筑面积和展厅面积与该馆所在城市建馆当年的城市户籍人口数量的比例关系见表 1。

科技馆所在城市的城市户籍人口数量与建设规模的关系　　　表1

科技馆所在城市的城市户籍人口数量	建筑面积（m²/万人）	展厅面积（m²/万人）
400 万以上	75	30~36
200 万以上至 400 万	75	36~42
100 万以上至 200 万	75~80	42~48
50 万至 100 万	80~100	48~60

注：1. 接近 200 万城市户籍人口的中型科技馆，其建筑面积宜采用万人面积指标低值；

2. 接近 100 万城市户籍人口的小型科技馆，其建筑面积宜采用万人面积指标低值。

第十八条 经济发达地区和旅游热点地区的城市，科技馆建设规模可在本标准第十七条规定的基础上增加，但增加的规模不应超过 20%。

第十九条 少数民族地区省会、自治区首府城市应建设中型及以上规模科技馆。

第二十六条 科技馆的总体布局应体现以下要点：

一、因地制宜，全面规划，节约用地。

二、科技馆宜独立建造。

三、根据用地特点和规模，按照展览教育、公众服务、业务研究、管理保障的功能要求合理分区。建设用地总平面规划宜采用集中式布局，也可采用分散式布局或二者相结合的方式。布局应做到分区明确、功能合理、布置紧凑、流线简捷、联系方便、互不干扰。

四、馆区的道路应畅通，路线应简捷。人流、车流、物流应分流并避免和减少交叉。

五、科技馆用地应根据建筑要求合理确定总平面的各项技术指标，并优先利用周边的公共资源。建筑密度宜为25%~35%，容积率宜为0.7~1。室外用地应统筹安排道路、观众集散场地、室外展览场地（室外活动场地）、地面停车场地。绿地率应符合当地的规划要求。

六、科技馆机动车库建设，应符合当地城市规划条件要求。本标准未包括此部分用房的建筑面积指标。

七、本标准未包括人防设施的建设面积指标。科技馆人防设施的指标、标准和等级应根据当地人防部门的要求设置，做到平战结合。

八、科技馆馆区内不应建造职工住宅类生活用房。

■ 选址与防护要求

科学技术馆建设标准　建标 101—2007

第二十五条　科技馆选址应具备的基本条件：
一、符合城市总体规划的要求。
二、良好的地理位置和便利的交通条件。
三、良好的社会人文条件。宜选在城市的文化区，与其他文化设施共同构成群体效应。
四、良好的自然环境条件，包括地形、地貌、工程地质和水文地质条件。选址应考虑自然灾害可能造成的影响，与高噪声、污染源的防护距离应符合有关的安全卫生规定。
五、可靠的电源、水源、通信等城市基础设施条件。

文化活动站

■ 相关规范

名称	编号或文号	批准/发布部门	实施日期
城市居住区规划设计规范（2002年版）	GB 50180—93	建设部	2002年4月1日
建设部关于进一步加强和改进未成年人活动场所规划建设工作的通知	建规［2004］167号	建设部	2004年9月29日

■ 设置规定与建设标准

城市居住区规划设计规范　GB 50180—93

公共服务设施各项目的设置规定（节选）　　　附表A.0.3

项目名称	服务内容	设置规定	每处一般规模	
			建筑面积（m²）	用地面积（m²）
(9) 文化活动中心	小型图书馆、科普知识宣传与教育；影视厅、舞厅、游艺厅、球类、棋类活动室；科技活动、各类艺术训练班及青少年和老年人学习活动场地、用房等	宜结合或靠近同级中心绿地安排	4000～6000	8000～12000
(10) 文化活动站	书报阅览、书画、文娱、健身、音乐欣赏、茶座等主要供青少年和老年人活动	（1）宜结合或靠近同级中心绿地安排；（2）独立性组团也应设置本站	400～600	400～600

建设部关于进一步加强和改进未成年人活动场所规划建设工作的通知
建规［2004］167号

　　二、在城市的旧区改建或新区开发中心须配套建设包括未成年人活动场所在内的文化、教育、科技、体育等公共设施。地级以上城市应建立青少年活动中心；人口规模在 30000~50000 人的居住区应（按每千人用地 200~600m², 每千人建筑 100~200m²）建设文化活动中心；人口规模在 7000~15000 人的居住小区应（按每千人用地 40~60m², 每千人建筑 20~30m²）建设文化活动站；重点镇和县城关镇也要设置文化活动站或青少年之家。力争达到：大城市要逐步建立布局合理、规模适当、功能配套的市、区、社区未成年人活动场所；中小城市重点建好市级未成年人活动场所；有条件的城市辟建少年儿童主题公园；3~5 年内，每个县都要有一个综合性、多功能未成年人活动场所。

老年活动中心

2.0.6 老年活动中心 Center of Recreation Activities for the Aged

为老年人提供综合性文化娱乐活动的专门机构和场所。（城镇老年人设施规划规范）

■ 相关规范

名称	编号或文号	批准/发布部门	实施日期
城镇老年人设施规划规范	GB 50437—2007	建设部	2008年6月1日
老年人建筑设计规范	JGJ 122—99	建设部 民政部	1999年10月1日

■ 分类

城镇老年人设施规划规范　GB 50437—2007

3.1.1 老年人设施应按服务范围和所在地区性质分为市（地区）级、居住区（镇）级、小区级。

■ 设置规定与建设标准

城镇老年人设施规划规范　GB 50437—2007

3.1.2 老年人设施分级配建应符合表3.1.2的规定。

老年人设施分级配建表　　　　表3.1.2

项目	市（地区）级	居住区（镇）级	小区级
老年公寓	▲	△	
养老院	▲	▲	
老人护理院	▲		
老年学校（大学）	▲	△	
老年活动中心	▲	▲	▲

续表

项目	市（地区）级	居住区（镇）级	小区级
老人服务中心（站）		▲	▲
托老所		△	▲

注：1. 表中▲为应配建，△为宜配建；
  2. 老年人设施配建项目可根据城镇社会发展进行适当调整；
  3. 各级老年人设施配建数量、服务半径应根据各城镇的具体情况确定；
  4. 居住区（镇）级以下的老年活动中心和老年服务中心（站），可合并设置。

3.2.2 老年人设施新建项目的配建规模、要求及指标，应符合表3.2.2-1和表3.2.2-2的规定，并纳入相关规划。

表3.2.2-1 （详见规范原文）

老年人设施配建规模、要求及指标（节选） 表3.2.2-2

项目名称	基本配建内容	配建规模及要求	配建指标	
			建筑面积（m²/处）	用地面积（m²/处）
市（地区）级老年活动中心	阅览室、多功能教室、播放厅、舞厅、棋牌类活动室、休息室及室外活动场地等	应有独立的场地、建筑，并应设置适合老年人活动的室外活动设施	1000~4000	2000~8000
居住区（镇）级老年活动中心	活动室、教室、阅览室、保健室、室外活动场地等	应设置大于300m²的室外活动场地	≥300	≥600
小区老年活动中心	活动室、阅览室、保健室、室外活动场地等	应附设不小于150m²的室外活动场地	≥150	≥300

注：表中所列各级老年公寓、养老院、老人护理院的每床位建筑面积及用地面积均为综合指标，已包括服务设施的建筑面积及用地面积。

3.2.3 城市旧城区老年人设施新建、扩建或改建项目的配建规模、要求应满足老年人设施基本功能的需要，其指标不应低于本规范表3.2.2-1和表3.2.2-2中相应指标的70%，并符合当地主管部门的有关规定。

5.1.3 老年人设施场地内建筑密度不应大于30%，容积率不宜大于0.8。建筑宜以低层或多层为主。

5.2.1 老年人设施场地坡度不应大于3%。

5.3.1 老年人设施场地范围内的绿地率：新建不应低于40%，扩建和改建不应低于35%。

5.3.2 集中绿地面积应按每位老人不低于2m²设置。

5.4.1 老年人设施应为老年人提供适当规模的休闲场地，包括活动场地及游憩空间，可结合居住区中心绿地设置，也可与相关设施合建。布局宜动静分区。

5.4.2 老年人游憩空间应选择在向阳避风处，并宜设置花廊、亭、榭、桌椅等设施。

5.4.3 老年人活动场地应有1/2的活动面积在标准的建筑日照阴影线以外，并应设置一定数量的适合老年人活动的设施。

5.4.5 集中活动场地附近应设置便于老年人使用的公共卫生间。

■ 选址与防护范围要求

城镇老年人设施规划规范 GB 50437—2007

4.1.1 老年人设施布局应符合当地老年人口的分布特点，并宜靠近居住人口集中的地区布局。

4.1.2 市级（地区级）的老人护理院、养老院用地应独立布置。

4.1.3 居住区内的老年人设施宜靠近其他生活服务设施，统一布局，但应保持一定的独立性，避免干扰。

4.1.4 建制镇老年人设施布局宜与镇区公共中心集中设置，统一安排，并宜靠近医疗设施与公共绿地。

4.2.1 老年人设施应选择在地形平坦、自然环境较好、阳光充足、通风良好的地段布置。

4.2.2 老年人设施应选择在具有良好基础设施条件的地段布置。

4.2.3 老年人设施应选择在交通便捷、方便可达的地段布置，但应避开对外公路、快速路及交通量大的交叉路口等地段。

4.2.4 老年人设施应远离污染源、噪声源及危险品的生产储运等用地。

5.1.1 老年人设施的建筑应根据当地纬度及气候特点选择较好的朝向布置。

5.1.2 老年人设施的日照要求应满足相关标准的规定。

老年人建筑设计规范 JGJ 122—99

3.0.2 老年人居住建筑宜设于居住区，与社区医疗急救、体育健身、文化娱乐、供应服务、管理设施组成健全的生活保障网络系统。

3.0.3 专为老年人服务的公共建筑，如老年文化休闲活动中心、老年大学、老年疗养院、干休所、老年医疗急救康复中心等，宜选择临近居住区，交通进出方便，安静，卫生，无污染的周边环境。

3.0.4 老年人建筑基地应阳光充足，通风良好，视野开阔，与庭院结合绿化、造园，宜组合成若干个户外活动中心，备设坐椅和活动设施。

老年学校

2.0.5 老年学校（大学）School for the Aged

为老年人提供继续学习和交流的专门机构和场所。（城镇老年人设施规划规范）

■ 相关规范

名称	编号或文号	批准/发布部门	实施日期
城镇老年人设施规划规范	GB 50437—2007	建设部	2008年6月1日
老年人建筑设计规范	JGJ 122—99	建设部 民政部	1999年10月1日

■ 分类

城镇老年人设施规划规范　GB 50437—2007

3.1.1 老年人设施应按服务范围和所在地区性质分为市（地区）级、居住区（镇）级、小区级。

■ 设置规定与建设标准

城镇老年人设施规划规范　GB 50437—2007

3.1.2 老年人设施分级配建应符合表3.1.2的规定。

老年人设施分级配建表　　表3.1.2

项目	市（地区）级	居住区（镇）级	小区级
老年公寓	▲	△	
养老院	▲		
老人护理院	▲		
老年学校（大学）	▲	△	
老年活动中心	▲	▲	▲

续表

项目	市（地区）级	居住区（镇）级	小区级
老人服务中心（站）		▲	▲
托老所		△	▲

注：1. 表中▲为应配建；△为宜配建；
2. 老年人设施配建项目可根据城镇社会发展进行适当调整；
3. 各级老年人设施配建数量、服务半径应根据各城镇的具体情况确定；
4. 居住区（镇）级以下的老年活动中心和老年服务中心（站），可合并设置。

3.2.2 老年人设施新建项目的配建规模、要求及指标，应符合表3.2.2-1和表3.2.2-2的规定，并纳入相关规划。

表3.2.2-1 （详见规范原文）

老年人设施配建规模、要求及指标（节选）　　　表3.2.2-2

项目名称	基本配建内容	配建规模及要求	配建指标	
			建筑面积（m²/处）	用地面积（m²/处）
市（地区）级老年学校（大学）	普通教室、多功能教室、专业教室、阅览室及室外活动场地等	（1）应为5班以上；（2）市级应具有独立的场地、校舍	≥1500	≥3000

注：表中所列各级老年公寓、养老院、老人护理院的每床位建筑面积及用地面积均为综合指标，已包括服务设施的建筑面积及用地面积。

3.2.3 城市旧城区老年人设施新建、扩建或改建项目的配建规模、要求应满足老年人设施基本功能的需要，其指标不应低于本规范表3.2.2-1和表3.2.2-2中相应指标的70%，并符合当地主管部门的有关规定。

5.1.3 老年人设施场地内建筑密度不应大于30%，容积率不宜大于0.8。建筑宜以低层或多层为主。

5.2.1 老年人设施场地坡度不应大于3%。

5.3.1 老年人设施场地范围内的绿地率：新建不应低于40%，扩建和改建不应低于35%。

5.3.2 集中绿地面积应按每位老人不低于2m²设置。

5.4.1 老年人设施应为老年人提供适当规模的休闲场地，包括活动场地及游憩空间，可结合居住区中心绿地设置，也可与相关设施合建。布局宜动静分区。

5.4.2 老年人游憩空间应选择在向阳避风处，并宜设置花廊、亭、榭、桌椅等设施。

5.4.3 老年人活动场地应有1/2的活动面积在标准的建筑日照阴影线以外，并应设置一定数量的适合老年人活动的设施。

5.4.5 集中活动场地附近应设置便于老年人使用的公共卫生间。

■ 选址与防护范围要求

(同老年活动中心)

电影院

■ 相关规范

名称	编号或文号	批准/发布部门	实施日期
电影院建筑设计规范	JGJ 58—2008	建设部	2008 年 8 月 1 日

■ 分类

电影院建筑设计规范　JGJ 58—2008

4.1.1　电影院的规模按总座位数可划分为特大型、大型、中型和小型 4 个规模。不同规模的电影院应符合下列规定：

1. 特大型电影院的总座位数应大于 1800 个，观众厅不宜少于 11 个；
2. 大型电影院的总座位数宜为 1201~1800 个，观众厅宜为 8~10 个；
3. 中型电影院的总座位数宜为 701~1200 个，观众厅宜为 5~7 个；
4. 小型电影院的总座位数宜小于等于 700 个，观众厅不宜少于 4 个。

4.1.2　电影院建筑的等级可分为特、甲、乙、丙四个等级，其中特级、甲级和乙级电影院建筑的设计使用年限不应小于 50 年，丙级电影院建筑的设计使用年限不应小于 25 年。各等级电影院建筑的耐火等级不宜低于二级。

■ 设置规定与建设标准

电影院建筑设计规范　JGJ 58—2008

4.1.3　电影院建筑应根据所在地区需求、使用性质、功能定位、服务对象、管理方式等多方面因素合理确定其规模和等级。

4.1.4　电影院宜由观众厅、公共区域、放映机房和其他用房等组成。根据电影院规模、等级以及经营和使用要求，各类用房可增减或合并。主要用房的分区设置应符合下列规定：

1. 应根据功能分区，合理安排观众厅区、放映机房区的位置；对于多厅电影院应做到观众厅区相对集中；

2. 应解决好各部分之间的联系和分隔要求。各类用房在使用上应有适应性和灵活性，应便于分区使用、统一管理。

3.2.7 综合建筑内设置的电影院应设置在独立的竖向交通附近，并应有人员集散空间；应有单独出入口通向室外，并应设置明显标识。

■ 选址与防护要求

电影院建筑设计规范　JGJ58—2008

3.1.2 基地选择应符合下列规定：
1. 宜选择交通方便的中心区和居住区，并远离工业污染源和噪声源；
2. 至少应有一面直接临接城市道路。与基地临接的城市道路的宽度不宜小于电影院安全出口宽度总和，且与小型电影院连接的道路宽度不宜小于8m，与中型电影院连接的道路宽度不宜小于12m，与大型电影院连接的道路宽度不宜小于20m，与特大型电影院连接的道路宽度不宜小于25m；
3. 基地沿城市道路方向的长度应按建筑规模和疏散人数确定，并不应小于基地周长的1/6；
4. 基地应有两个或两个以上不同方向通向城市道路的出口；
5. 基地和电影院的主要出入口，不应和快速道路直接连接，也不应直对城镇主要干道的交叉口；
6. 电影院主要出入口前应设有供人员集散用的空地或广场，其面积指标不应小于0.2m^2/座，且大型及特大型电影院的集散空地的深度不应小于10m；特大型电影院的集散空地宜分散设置。

体育场

2.0.3 体育场 stadium
具有可供体育比赛和其他表演用的宽敞的室外场地同时为大量观众提供坐席的建筑物。(体育建筑设计规范)

■ 相关规范

名称	编号或文号	批准/发布部门	实施日期
体育建筑设计规范	JGJ 31—2003	建设部 国家体育总局	2003年10月1日
城市公共体育运动设施用地定额指标暂行规定	(86)体计基字559号	城乡建设环境保护部 体育运动委员会	1986年11月29日

■ 分类

体育建筑设计规范 JGJ 31—2003

1.0.7 体育建筑等级应根据其使用要求分级,且应符合表1.0.7规定。

体育建筑等级　　表1.0.7

等级	主要使用要求
特级	举办亚运会、奥运会及世界级比赛主场
甲级	举办全国性和单项国际比赛
乙级	举办地区性和全国单项比赛
丙级	举办地方性、群众性运动会

5.1.1 体育场规模分级应符合表5.1.1的规定。

体育场规模分级　　表5.1.1

等级	观众席容量(座)	等级	观众席容量(座)
特大型	60000以上	中型	20000~40000

续表

等级	观众席容量（座）	等级	观众席容量（座）
大型	40000~60000	小型	20000以下

注：体育场的规模分级和本规范第1.0.7条规定的等级有一定对应关系，相关设施、设备及标准也应相匹配。

■ 内部构成

体育建筑设计规范　JGJ 31—2003

4.1.2　比赛建筑主要由比赛场地、训练场地、看台、各种辅助用房和设施等组成。应在根据竞赛规则和有关规定满足比赛使用的同时，兼顾训练的需要。训练建筑由运动场地和一些辅助用房及设施组成，可不设看台或仅设少量观摩席位。

■ 设置规定与建设标准

城市公共体育运动设施用地定额指标暂行规定[①]　**（86）体计基字559号**

城市公共体育设施用地定额指标一（节选）

	100万人口以上城市			
	规划标准 （个/万人）	观众规模 （千座）	用地面积 （千m²）	千人指标（m²/千人）
1. 市级				
体育场	1/100~200	30~50	86~122	40~122
2. 区级				
体育场	1/30	10~15	50~63	167~210

城市公共体育设施用地定额指标二（节选）

	50~100万人口城市			
	规划标准 （个/万人）	观众规模 （千座）	用地面积 （千m²）	千人指标 （m²/千人）
1. 市级				
体育场	1/50~100	20~30	75~97	75~194

[①]《体育建筑设计规范》JGJ 31—2003　3.0.3规定了市级体育设施的规模、用地面积，与本指标所列相关数据相同。

续表

	50~100 万人口城市			
	规划标准 (个/万人)	观众规模 (千座)	用地面积 (千m²)	千人指标 (m²/千人)
2. 区级				
体育场	1/25	10	50~56	200~224

城市公共体育设施用地定额指标三（节选）

	20~50 万人口城市			
	规划标准 (个/万人)	观众规模 (千座)	用地面积 (千m²)	千人指标 (m²/千人)
1. 市级				
体育场	1/20~25	15~20	69~84	276~420

城市公共体育设施用地定额指标四（节选）

	10~20 万人口城市			
	规划标准 (个/万人)	观众规模 (千座)	用地面积 (千m²)	千人指标 (m²/千人)
1. 市级				
体育场	1/10~20	10~15	50~63	250~630

城市公共体育设施用地定额指标五（节选）

	5~10 万人口城市			
	规划标准 (个/万人)	观众规模 (千座)	用地面积 (千m²)	千人指标 (m²/千人)
1. 市（镇）级				
体育场	1/5~10	5~10	44~56	440~1120
灯光场（带看台）	1/5~10	2~3	3.3~4.6	33~92

城市公共体育设施用地定额指标六（节选）

	2~5 万人口城市			
	规划标准 (个/万人)	观众规模 (千座)	用地面积 (千m²)	千人指标 (m²/千人)
1. 市（镇）级				

续表

	2~5万人口城市			
	规划标准 （个/万人）	观众规模 （千座）	用地面积 （千m²）	千人指标 （m²/千人）
田径场	1/2~5		26~28	520~1400
灯光场（带看台）	1/2~5	2~3	3.3~4.6	66~230

城市公共体育设施用地定额指标七（节选）

	2万以下人口城市			
	规划标准	观众规模	用地面积 （千m²）	备注
1．市（镇）级				
田径场	1个	与游泳池、训练房合计2000座	8~26	200~400m跑道
灯光场（带看台）	1个		3.3~3.6	只设于县城，观众规模2000人左右

体育建筑设计规范　JGJ 31—2003

4.2.1　运动场地包括比赛场地和练习场地，其规格和设施标准应符合各运动项目规则的有关规定；当规则对比赛场地和设施的规格尺寸有正负公差限制时，必须严格遵守。

4.2.4　场地的对外出入口应不少于两处，其大小应满足人员出入方便、疏散安全和器材运输的要求。

4.2.7　室外运动场地布置方向（以长轴为准）应为南北向；当不能满足要求时，根据地理纬度和主导风向可略偏南北向，但不宜超过表4.2.7的规定。

运动场长轴允许偏角　　表4.2.7

北纬	16°~25°	26°~35°	36°~45°	46°~55°
北偏东	0	0	5°	10°
北偏西	15°	15°	10°	5°

5.1.3　体育场的正式比赛场地应包括径赛用的周长400m的标准环形跑道、标准足球场和各项田赛场地。除直道外侧可布置跳跃项目的场地外，其他均应布置在环形跑道内侧。

因条件限制，可采用周长不短于200m的小型跑道，跑道内侧可设置非标准足球场，或篮球、排球、网球等场地，但这种场地不能作正规比赛用。

专用足球比赛场也可只设标准足球场，而不设环形跑道和田赛场地。

5.1.4① 体育场的400m的径赛跑道应符合下列要求：

1. 400m 环形跑道是由两个半圆（180°，半径36~38m）的曲段（弯道），加上两个直段组成的长圆形，比赛按逆时针方向跑进；

2. 新建体育场应采用 400m 标准跑道，弯道半径为 36.50m，两圆心距（直段）为 84.39m；

3. 特殊情况采用双曲率弯道的 400m 跑道时，最小半径不应小于24m。

---

① 本规范的条文说明：a 400m 标准跑道的形状和尺寸见图1 所示；

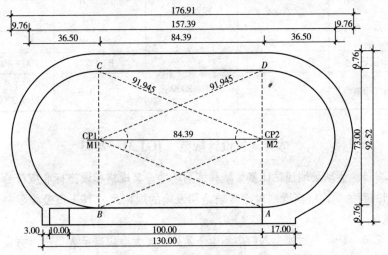

图1 400m 标准跑道的形状和尺寸（半径为 36.50m）

b 国际田联提出新建 400m 标准跑道的弯道半径应为 36.5m。但此前国内已建的跑道弯道半径有 36、37.898m 等种类，仍可继续应用于正规比赛，特此说明。

c 条文中所指特殊情况系满足足球、美式足球和橄榄球比赛时的情况，其场地尺寸要求见表14。

用于其他体育活动的场地尺寸（单位：m）　　　表14

运动项目		场地尺寸				安全区		标准尺寸总计	
		比赛规则规定		标准尺寸		长边	短边		
		宽（m）	长（m）	宽（m）	长（m）	（m）	（m）	宽（m）	长（m）
1	足球	45.90	90.120	68	105	1	2	70	109
2	美式足球	48.80	109.75	48.80	109.75	1	2	50.80	113.75
3	橄榄球	68.40	122.144	68.40	100	2	10.22	72.40	120

5.6.1 练习场地的数量和标准,应根据比赛前热身需要、平时的专业训练和群众锻炼的需要确定。

5.6.2 热身练习场地应根据设施等级的使用要求确定,其最低要求应符合表5.6.2的规定。

热身练习场地最低要求　　　　　　　　　　　表5.6.2

场地内容	建筑等级			
	特级	甲级	乙级	丙级
400m标准跑道,西直道8条、其他分道4条	1	1	—	—
200m小型跑道,4条分道	—	—	1	—
铁饼、链球、标枪场地	各1	各1	—	—
铅球场地	2	1	—	—
标准足球场	2	1	—	—
小型足球场	—	—	1	—

注:1. 一个足球场可布置在跑道内侧区域,甲级体育场有条件时宜增设足球场一个。特级体育场宜将田赛、径赛、足球三项练习场分开设置;
2. 场地地面材料应与比赛场相同。

5.6.3 根据气候条件和使用要求,必要时宜设置田径练习馆或防风雨练习场。

■ 选址与防护范围要求

体育建筑设计规范　JGJ 31—2003

3.0.2 基地选择应符合下列要求:
1. 适合开展运动项目的特点和使用要求;
2. 交通方便。根据体育设施规模大小,基地至少应分别有一面或二面临接城市道路。该道路应有足够的通行宽度,以保证疏散和交通;
3. 便于利用城市已有基础设施;
4. 环境较好。与污染源、高压线路、易燃易爆物品场所之间的距离达到有关防护规定,防止洪涝、滑坡等自然灾害,并注意体育设施使用时对周围环境的影响。

体育馆

2.0.4 体育馆 sports hall

配备有专门设备而供能够进行球类、室内田径、冰上运动、体操（技巧）、武术、拳击、击剑、举重、摔跤、柔道等单项或多项室内竞技比赛和训练的体育建筑。主要由比赛和练习场地、看台和辅助用房及设施组成。体育馆根据比赛场地的功能可分为综合体育馆和专项体育馆；不设观众看台及相应用房的体育馆也可称训练房。(体育建筑设计规范)

■ 相关规范

名称	编号或文号	批准/发布部门	实施日期
体育建筑设计规范	JGJ 31—2003	建设部 国家体育总局	2003 年 10 月 1 日
城市公共体育运动设施用地定额指标暂行规定	（86）体计基字 559 号	城乡建设环境保护部 体育运动委员会	1986 年 11 月 29 日

■ 分类

体育建筑设计规范　JGJ 31—2003

1.0.7 体育建筑等级应根据其使用要求分级，且应符合表 1.0.7 规定。

体育建筑等级　　　　　　　表 1.0.7

等级	主要适用要求
特级	举办亚运会、奥运会及世界级比赛主场
甲级	举办全国性和单项国际比赛
乙级	举办地区性和全国单项比赛
丙级	举办地方性、群众性运动会

6.1.1 体育馆规模分类应符合表 6.1.1 规定。

体育馆规模分类 表 6.1.1

分类	观众席容量（座）	分类	观众席容量（座）
特大型	10000 以上	中型	3000~6000
大型	6000~10000	小型	3000 以下

注：体育馆的规模分类与本规范1.0.7条等级规定有一定对应关系，但不绝对化。

■ 内部构成

体育建筑设计规范 JGJ 31—2003

4.1.2 比赛建筑主要由比赛场地、训练场地、看台、各种辅助用房和设施等组成。应在根据竞赛规则和有关规定满足比赛使用的同时，兼顾训练的需要。训练建筑由运动场地和一些辅助用房及设施组成，可不设看台或仅设少量观摩席位。

■ 设置规定与建设标准

城市公共体育运动设施用地定额指标暂行规定[①]　（86）体计基字559号

城市公共体育设施用地定额指标一（节选）

	100 万人口以上城市			
	规划标准 （个/万人）	观众规模 （千座）	用地面积 （千 m^2）	千人指标 （m^2/千人）
1. 市级 体育馆	1/100~200	4~10	11~20	5.5~20
2. 区级 体育馆	1/30	2~4	10~13	33~43

城市公共体育设施用地定额指标二（节选）

	50~100 万人口城市			
	规划标准 （个/万人）	观众规模 （千座）	用地面积 （千 m^2）	千人指标（m^2/千人）
1. 市级 体育馆	1/50~100	4~6	11~14	11~28

[①]《体育建筑设计规范》JGJ 31—2003　3.0.3 规定了市级体育设施的规模、用地面积，与本指标所列相关数据相同。

续表

	50~100万人口城市			
	规划标准 (个/万人)	观众规模 (千座)	用地面积 (千m²)	千人指标 (m²/千人)
2. 区级				
体育馆	1/25	2~3	10~11	40~44

城市公共体育设施用地定额指标三（节选）

	20~50万人口城市			
	规划标准 (个/万人)	观众规模 (千座)	用地面积 (千m²)	千人指标 (m²/千人)
1. 市级				
体育馆	1/20~25	2~4	10~13	40~65

城市公共体育设施用地定额指标四（节选）

	10~20万人口城市			
	规划标准 (个/万人)	观众规模 (千座)	用地面积 (千m²)	千人指标 (m²/千人)
1. 市级				
体育馆	1/10~20	2~3	10~11	50~110

城市公共体育设施用地定额指标五（节选）

	5~10万人口城市			
	规划标准 (个/万人)	观众规模 (千座)	用地面积 (千m²)	千人指标 (m²/千人)
1. 市（镇）级				
训练房	1/5~10			

城市公共体育设施用地定额指标六（节选）

	2~5万人口城市			
	规划标准 (个/万人)	观众规模 (千座)	用地面积 (千m²)	千人指标 (m²/千人)
1. 市（镇）级				
训练房	1/2~5		1~1.5	20~75

城市公共体育设施用地定额指标七（节选）

	2万以下人口城市			
规划标准		观众规模	用地面积（千m^2）	备注
1. 市（镇）级				
训练房	1个	与灯光球场、游泳池、田径场合计2000座	1~1.5	用于篮球等训练，一般建制镇用于棋类等活动

体育建筑设计规范 JGJ 31—2003

4.2.1 运动场地包括比赛场地和练习场地，其规格和设施标准应符合各运动项目规则的有关规定；当规则对比赛场地和设施的规格尺寸有正负公差限制时，必须严格遵守。

4.2.4 场地的对外出入口应不少于二处，其大小应满足人员出入方便、疏散安全和器材运输的要求。

6.2.1 体育馆的比赛场地要求及最小尺寸应符合表6.2.1的规定。

比赛场地要求及最小尺寸　　　　　　　　表6.2.1

分类	要求	最小尺寸（长×宽，m）
特大型	可设置周长200m田径跑道或室内足球、棒球等比赛	根据要求确定
大型	可进行冰球比赛获搭设体操台	70×40
中型	可进行手球比赛	44×24
小型	可进行篮球比赛	38×20

注：1. 当比赛场地较大时，宜设置活动看台或临时看台来调整其不同适用要求，在计算安全疏散时应将这部分人员包括在内；
　　2. 为适应群众性体育活动，场地尺寸可在此基础上相应调整。

■ 选址与防护范围要求

（同体育场要求）

游泳设施

2.0.5 游泳设施 natatorial facilities

能够进行游泳、跳水、水球和花样游泳等室内外比赛和练习的建筑和设施。室外的称作游泳池（场），室内的称作游泳馆（房）。主要由比赛池和练习池、看台、辅助用房及设施组成。(体育建筑设计规范)

■ 相关规范

名称	编号或文号	批准/发布部门	实施日期
城市公共设施规划规范	GB 50442—2008	建设部	2008年7月1日
体育建筑设计规范	JGJ 31—2003	建设部 国家体育总局	2003年10月1日
城市公共体育运动设施用地定额指标暂行规定	(86) 体计基字 559 号	城乡建设环境保护部 体育运动委员会	1986年11月29日

■ 分类

体育建筑设计规范 JGJ 31—2003

1.0.7 体育建筑等级应根据其使用要求分级，且应符合表1.0.7规定。

体育建筑等级　　　　　　表1.0.7

等级	主要适用要求
特级	举办亚运会、奥运会及世界级比赛主场
甲级	举办全国性和单项国际比赛
乙级	举办地区性和全国单项比赛
丙级	举办地方性、群众性运动会

7.1.1 游泳设施规模分类应符合表7.1.1规定。

游泳设施规模分类　　　　　　　　　表7.1.1

分类	观众容量（座）	分类	观众容量（座）
特大型	6000以上	中型	1500~3000
大型	3000~6000	小型	1500以下

注：游泳设施的规模分类与本规范第1.0.7条规定的等级有一定对应关系。

■ 内部构成

体育建筑设计规范　JGJ 31—2003

4.1.2　比赛建筑主要由比赛场地、训练场地、看台、各种辅助用房和设施等组成。应在根据竞赛规则和有关规定满足比赛使用的同时，兼顾训练的需要。训练建筑由运动场地和一些辅助用房及设施组成，可不设看台或仅设少量观摩席位。

■ 设置规定与建设标准

城市公共体育运动设施用地定额指标暂行规定[①]　（86）体计基字559号

城市公共体育设施用地定额指标一（节选）

	100万人口以上城市			
	规划标准 （个/万人）	观众规模 （千座）	用地面积 （千m²）	千人指标 （m²/千人）
1. 市级				
游泳馆	1/100~200	2~4	13~17	4.3~17
2. 区级				
游泳池	2/30		12.5	42

城市公共体育设施用地定额指标二（节选）

	50~100万人口城市			
	规划标准 （个/万人）	观众规模 （千座）	用地面积 （千m²）	千人指标 （m²/千人）
1. 市级				

---

① 《体育建筑设计规范》JGJ 31—2003　3.0.3规定了市级体育设施的规模、用地面积，与本指标所列相关数据相同。

续表

	50~100 万人口城市			
	规划标准 (个/万人)	观众规模 (千座)	用地面积 (千 m²)	千人指标 (m²/千人)
游泳馆	1/50~100	2~3	13~16	13~32
2. 区级				
游泳池	2/25		12.5	50

城市公共体育设施用地定额指标三（节选）

	20~50 万人口城市			
	规划标准 (个/万人)	观众规模 (千座)	用地面积 (千 m²)	千人指标 (m²/千人)
1. 市级				
游泳池	2/20~25		12.5	50~63

城市公共体育设施用地定额指标四（节选）

	10~20 万人口城市			
	规划标准 (个/万人)	观众规模 (千座)	用地面积 (千 m²)	千人指标 (m²/千人)
1. 市级				
游泳池	2/20~20		12.5	63~125

城市公共体育设施用地定额指标五（节选）

	5~10 万人口城市			
	规划标准 (个/万人)	观众规模 (千座)	用地面积 (千 m²)	千人指标 (m²/千人)
1. 市（镇）级				
游泳池	1~2/5~10		6.3~7.5	63~150

城市公共体育设施用地定额指标六（节选）

	2~5 万人口城市			
	规划标准 (个/万人)	观众规模 (千座)	用地面积 (千 m²)	千人指标 (m²/千人)
1. 市（镇）级				
游泳池	1/2~5		5	100~250

城市公共体育设施用地定额指标七（节选）

	2万以下人口城市			
规划标准		观众规模	用地面积（千 m²）	备注
1. 市（镇）级				
游泳池	1个	与灯光场、训练场、田径场合计2000座	5	一个比赛池，只设于县城

体育建筑设计规范　JGJ 31—2003

4.2.1　运动场地包括比赛场地和练习场地，其规格和设施标准应符合各运动项目规则的有关规定；当规则对比赛场地和设施的规格尺寸有正负公差限制时，必须严格遵守。

4.2.4　场地的对外出入口应不少于两处，其大小应满足人员出入方便、疏散安全和器材运输的要求。

4.2.7　室外运动场地布置方向（以长轴为准）应为南北向；当不能满足要求时，根据地理纬度和主导风向可略偏南北向，但不宜超过表4.2.7的规定。

运动场长轴允许偏角　　表4.2.7

北纬	16°~25°	26°~35°	36°~45°	46°~55°
北偏东	0	0	5°	10°
北偏西	15°	15°	10°	5°

7.2.1　游泳比赛池规格按设施等级应符合表7.2.1的规定。

游泳比赛池规格　　表7.2.1

等级	比赛池规格（长×宽×深）(m)		池岸宽（m）		
	游泳池	跳水池	池侧	池端	两池间
特级、甲级	50×25×2	21×25×5.25	8	5	≥10
乙级	50×21×2	16×21×5.25	5	5	≥8
丙级	50×21×1.3		2	3	

注：1. 甲级以上的比赛设施，游泳池和比赛池应分开设置；
　　2. 当游泳池和跳水池有多种用途时，应同时符合各项目的技术要求。

■ 选址与防护范围要求

（同体育场要求）

射击场

(7) 射击场：指专供射击比赛建有靶沟、靶档和靶蓬设施的室外场地。（城市公共体育运动设施用地定额指标暂行规定）

■ 相关规范

名称	编号或文号	批准/发布部门	实施日期
体育建筑设计规范	JGJ 31—2003	建设部 国家体育总局	2003年10月1日
城市公共体育运动设施 用地定额指标暂行规定	（86）体计基字559号	城乡建设环境保护部 体育运动委员会	1986年11月29日

■ 分类

体育建筑设计规范　JGJ 31—2003

1.0.7　体育建筑等级应根据其使用要求分级，且应符合表1.0.7规定。

体育建筑等级　　　　　　　　　　　　　　　表1.0.7

等级	主要适用要求
特级	举办亚运会、奥运会及世界级比赛主场
甲级	举办全国性和单项国际比赛
乙级	举办地区性和全国单项比赛
丙级	举办地方性、群众性运动会

■ 内部构成

体育建筑设计规范　JGJ 31—2003

4.1.2　比赛建筑主要由比赛场地、训练场地、看台、各种辅助用房和设施等组成。应在根据竞赛规则和有关规定满足比赛使用的同时，兼顾训练的需要。训练建筑由运动场地和一些辅助用房及设施组成，可不设看台或仅设少量观摩席位。

■ 设置规定与建设标准

城市公共体育运动设施用地定额指标暂行规定　（86）体计基字559号

城市公共体育设施用地定额指标一（节选）

	100万人口以上城市			
	规划标准 （个/万人）	观众规模 （千座）	用地面积 （千m²）	千人指标 （m²/千人）
1. 市级 射击场	1/100~200		10	5~10
2. 区级 射击场	1/30		6	20

城市公共体育设施用地定额指标二（节选）

	50~100万人口城市			
	规划标准 （个/万人）	观众规模 （千座）	用地面积 （千m²）	千人指标 （m²/千人）
1. 市级 射击场	1/50~100		10	10~20
2. 区级 射击场	1/25		6	24

城市公共体育设施用地定额指标三（节选）

	20~50万人口城市			
	规划标准 （个/万人）	观众规模 （千座）	用地面积 （千m²）	千人指标 （m²/千人）
1. 市级 射击场	1/20~25		10	40~50

城市公共体育设施用地定额指标四（节选）

	10~20万人口城市			
	规划标准 （个/万人）	观众规模 （千座）	用地面积 （千m²）	千人指标 （m²/千人）
1. 市级 射击场	1/10~20		10	50~100

体育建筑设计规范　JGJ 31—2003

4.2.1　运动场地包括比赛场地和练习场地，其规格和设施标准应符合各运动项目规则的有关规定；当规则对比赛场地和设施的规格尺寸有正负公差限制时，必须严格遵守。

4.2.4　场地的对外出入口应不少于两处，其大小应满足人员出入方便、疏散安全和器材运输的要求。

4.2.7　室外运动场地布置方向（以长轴为准）应为南北向；当不能满足要求时，根据地理纬度和主导风向可略偏南北向，但不宜超过表4.2.7的规定。

运动场长轴允许偏角　　　　　　　表4.2.7

北纬	16°~25°	26°~35°	36°~45°	46°~55°
北偏东	0	0	5°	10°
北偏西	15°	15°	10°	5°

■ 选址与防护范围要求

（同体育场要求）

社区体育设施

第十四条　城市社区体育设施　为开展城市社区体育活动，在社区内规划建设的运动场地、场馆和配套建筑。(城市社区体育设施建设用地指标)

■ 相关规范

名称	编号或文号	批准/发布部门	实施日期
城市居住区规划设计规范（2002年版）	GB 50180—93	建设部	2002年4月1日
城市社区体育设施建设用地指标	建标［2005］156号	建设部 国土资源部	2005年11月1日
城市公共体育运动设施用地定额指标暂行规定	(86)体计基字559号	城乡建设环境保护部 体育运动委员会	1986年11月29日

■ 内部构成

城市社区体育设施建设用地指标　建标［2005］156号

第二十一条　城市社区体育的基本项目包括：篮球、排球、足球、门球、乒乓球、羽毛球、网球、游泳、轮滑、滑冰、武术、体育舞蹈、体操、儿童游戏、棋牌、台球、器械健身、长走（散步、健步走）、跑步。

■ 设置规定与建设标准

城市居住区规划设计规范　GB 50180—93

公共服务设施各项目的设置规定（节选）　　附表 A.0.3

项目名称	服务内容	设置规定	每处一般规模	
			建筑面积（m²）	用地面积（m²）
(11) 居民运动场、馆	健身场地	宜设置60~100m 直跑道和200m 环形跑道及简单的运动设施	—	10000~15000

续表

项目名称	服务内容	设置规定	每处一般规模	
			建筑面积（m²）	用地面积（m²）
（12）居民健身设施	篮、排球及小型球类场地，儿童及老年人活动场地和其他简单运动设施等	宜结合绿地安排	—	—

城市社区体育设施建设用地指标　建标〔2005〕156号

第四十四条　城市社区体育设施可根据需要设置在室内或室外，室外用地面积与室内建筑面积控制指标应满足以下要求：

一、人均室外用地面积0.30~0.65m²，人均室内建筑面积0.10~0.26m²。

二、根据不同的人口规模，城市社区体育设施项目室外用地面积与室内建筑面积应符合表12的规定。①

城市社区体育设施分级面积指标　　　　　　　　　　　表12

人口规模（人）	室外用地面积（m²）	室内建筑面积（m²）
1000~3000	650~950	170~280
10000~15000	4300~6700	2050~2900
30000~50000	18900~27800	7700~10700

注：1. 较大人口规模的指标均包含较小人口规模的指标；
　　2. 在30000~50000人口规模的社区中宜集中设置一处社区体育中心，其面积指标为10300~13600m²（室外）和3600~4900m²（室内），已包含在本表的指标中；
　　3. 当室外项目设置于室内时，用地面积指标相应减少，室内建筑面积指标相应增加，反之亦然。

第四十五条　旧区改建中应考虑安排城市社区体育设施，其面积指标可以酌情降低，但不得低于表12中规定面积的70%。

第四十六条　城市社区体育设施除符合第四十四条的要求外，其项目的设置宜符合表13的规定：

城市社区体育设施分级配建表　　　　　　　　　　　表13

项目	场地数量（个）			备注
	1000~3000人	10000~15000人	30000~50000人	
篮球	—	1	3	

---

① 《城市公共体育运动设施用地定额指标暂行规定》（86）体计基字559号中对居住区、居住小区级的体育设施用地的规定为200~300m²/千人。

续表

项目	场地数量（个）			备注
	1000~3000人	10000~15000人	30000~50000人	
排球	—	—	1	
11人制足球	—	—	—	也可以设置1个11人制足球场替代7人制足球场
7人制足球	—	—	1	
5人制足球	—	1	2	
门球	—	1	3	
乒乓球	2	6	16~20	
羽毛球	—	2	6	
网球	—	1	3	
游泳池	—	1	3	3个游泳池中有1个为标准游泳池
滑冰场	—	—	1	根据北方气候选取其中1个即可
轮滑场	—	—	1	
室外综合健身场地（武术、体育、舞蹈、体操）	1	1	3	3个场地中有1个面积较大
儿童游戏场	1	3	9	9个场地中有1个面积较大
室外健身器械	1	1	3	根据器材的数量和类型而定
步行道	—	—	—	可与绿化或跑道合并设置，不单独安排用地
60~100m跑道	—	1	2	如有条件，可设置200~400m跑道
100~200m跑道	—	—	1	
200~400m跑道	—	—	—	
棋牌	1	3	9	
健身房	—	1	3	3个健身房中有1个面积较大
台球	—	2	6~8	
社区体育指导中心（含社区体育俱乐部）	—	1	3	3个配套设施中有1个面积较大

续表

项目	场地数量（个）			备注
	1000~3000人	10000~15000人	30000~50000人	
体质检测中心（含卫生室）	—	1	3	3个配套设施中有1个面积较大
教室与阅览室	—	1	3	
器材储藏室	—	1	3	
服务设施	—	—	—	根据体育设施的分布确定数量

注：备注中所指较大规模的场地面积指标是指按照单项用地指标中的下限取值。

第四十七条 在规划与建设中应设置适应多种体育项目的多功能运动场地。

第四十八条 室外活动场地的面积不宜少于所有城市社区体育设施场地总面积的60%，该比例在寒冷地区可酌情降低。

第二十五条① 篮球场地可分为标准篮球场地与三人制篮球场地，其场地面积应符合表1的规定。

篮球项目面积指标　　　　　　　　　　　　　　　　表1

项目	长度（m）	宽度（m）	边线缓冲距离（m）	端线缓冲距离（m）	场地面积（m²）
标准篮球场地	28	15	1.5~5	1.5~2.5	560~730
三人制篮球场地	14	15	1.5~5	1.5~2.5	310~410

注：1. 如设有防护网等围护设施，场地边线外缓冲距离可设为1.5m；如无围护设施则应设不小于2m的缓冲距离；
2. 如考虑设置临时看台可在单侧选用5m的最大缓冲距离来设置临时看台。

第二十六条 排球场地面积应符合表2的规定。

排球项目面积指标　　　　　　　　　　　　　　　　表2

项目	长度（m）	宽度（m）	边线缓冲距离（m）	端线缓冲距离（m）	场地面积（m²）
标准排球场地	18	9	1.5~2	3~6	290~390

第二十七条 足球场地可分为11人制足球场地、7人制足球场地、5人制足球场地，其场地面积应符合表3的规定。

---

① 条文说明中有如下解释：本章各单项场地尺寸取值参照《体育竞赛规则汇编》（1998年10月第一版）中的比赛场地尺寸，缓冲距离取值略小于正式比赛。体育竞赛规则中关于场地的要求一般变化不大但是如果竞赛规则发生变动，在实施本指标时也应随之调整。

足球项目面积指标   表3

项目	长度（m）	宽度（m）	缓冲距离（m）	场地面积（m²）
11人制足球场地	90~120	45~90	3~4	4900~12550
7人制足球场地	60	35	1~2	2300~2500
5人制足球场地	25~42	15~25	1~2	460~1340

第二十八条　门球场地面积应符合表4的规定。

门球项目面积指标   表4

项目	长度（m）	宽度（m）	缓冲距离（m）	场地面积（m²）
门球场地	20~25	15~25	1	380~730

第二十九条　网球、乒乓球、羽毛球的场地面积应符合表5的规定。乒乓球和羽毛球场地宜设置在室内。

网球、乒乓球和羽毛球项目面积指标   表5

项目	长度（m）	宽度（m）	边线缓冲距离（m）	端线缓冲距离（m）	场地面积（m²）
网球场地	23.77	10.97	2.5~4	5~6	540~680
乒乓球场地（两台一组）	10~13	5.5~9.5	—	—	40~85
羽毛球场地	13.4	6.1	1.5~2	1.5~2	150~175

第三十条　游泳池分为标准游泳池、普通游泳池和小型游泳池，其综合场地面积应符合表6的规定。

游泳池面积指标   表6

项目	长度（m）	宽度（m）	池侧缓冲距离（m）	池端缓冲距离（m）	更衣室面积（m²）	设备用房面积（m²）	场地面积（m²）
标准游泳池	50	21~25	3~4	2~3	200~300	30~100	1680~2250
普通游泳池	25	12~15	3~4	2~3	60~100	30~100	610~910
小型游泳池	—	—	—	—	—	—	150~300

第三十一条　轮滑场和滑冰场的场地面积宜符合表7的规定，有条件的地区可以适当扩大规模。滑冰场可利用其他体育项目场地，不宜单独设置。

轮滑和滑冰项目面积指标　　　　表7

项目	长度（m）	宽度（m）	护栏外缓冲距离（m）	场地面积（m²）
轮滑场	28	15	1~2	510~610
滑冰场				

第三十二条　武术、体育舞蹈、体操等运动项目可合并使用一处室外综合健身场地。每处室外健身场地的面积不应小于400m²，不得超过2000m²。

第三十三条　室外综合健身场地的场地形状应便于开展集体项目，其最短边边长不得小于10m。

第三十四条　每处儿童游戏场地的面积应为150~500m²。

第三十五条　在体育设施的综合布局规划中应考虑设置长走（散步、健步走）的步行道或跑步的跑道，其面积指标应符合表8的规定。

跑道与步行道面积指标　　　　表8

长度（m）	场地面积（m²）
60~100	300~1000
100~200	500~2000
200~400	1000~4000

注：1. 如果跑道长度在60~100m之间，应设置为直道；跑道长度大于100m时应设置为环形跑道；
　　2. 跑道分道数按4~8条考虑，每条宽度为1.25m。

第三十六条　棋牌项目的场地面积为40~150m²。

第三十七条　台球场地面积应符合表9的规定。

台球项目面积指标　　　　表9

项目	长度（m）	宽度（m）	场地面积（m²）
斯诺克（最大）	7	5	35
美式8球（最小）	6	4	24

第三十八条　健身器械设在室内时，健身房的面积宜为80~400m²，且每处不得小于60m²。

第三十九条　健身器械设在室外时，其场地面积依据设置器材的尺寸、数量和缓冲距离综合计算确定。

第四十条　城市社区体育的配套设施分为服务设施和管理设施。

第四十一条　服务设施包括更衣室、小型餐饮、器材租售，每处的面积可根据表10的规定选取。

服务设施面积指标　　　　　　　　　　　　　　　　　　　表 10

体育设施项目数量	每处服务设施面积（m²）		
	更衣室（含厕所、淋浴）	小型餐饮	器材租售
1~2个	15~20	—	10
3~5个	20~30	10~20	20~30
5个以上	50~100	20~50	50~100

第四十二条　管理设施包括社区体育指导中心、社区体育俱乐部、体质检测中心、教室与阅览室、器材储藏室。每处的面积应按表11中的规模设置。

管理设施面积指标　　　　　　　　　　　　　　　　　　　表 11

项目	每处面积（m²）
社区体育指导中心（含社区体育俱乐部）	30~60
体质检测中心（含卫生室）	40~60
教室与阅览室	40~60
器材储藏室	10~15

第四十三条　根据城市社区体育设施用地的规模，如需按规划配建专用停车场，其配套停车面积应符合当地关于公共设施配建停车位的相关规定，并在总指标中增加相应的面积指标。

综合医院

第1.0.3条 同时具备下列条件者为"综合医院":
一、设置包括大内科、大外科等三科以上;
二、设置门诊和服务24小时的急诊;
三、设置正规病床。(综合医院建筑设计规范)

■ 相关规范

名称	编号或文号	批准/发布部门	实施日期
综合医院建筑设计规范(试行)	JGJ 49—88	建设部 卫生部	1989年4月1日
综合医院建设标准	建标 110—2008	住房和城乡建设部 国家发展和改革委员会	2008年12月1日
城市居住区规划设计规范(2002年版)	GB 50180—93	建设部	2002年4月1日

■ 分类

综合医院建设标准　建标 110—2008

第十条 综合医院的建设规模,按病床数量可分为200、300、400、500、600、700、800、900、1000床9种。

■ 内部构成

综合医院建设标准　建标 110—2008

第十三条 综合医院建设项目,应由急诊部、门诊部、住院部、医技科室、保障系统、行政管理和院内生活用房等七项设施构成。

承担医学科研和教学任务的综合医院,尚应包括相应的科研和教学设施。

■ 设置规定与建设标准

城市居住区规划设计规范 GB 50180—93

公共服务设施各项目的设置规定（节选） 附表 A.0.3

项目名称	服务内容	设置规定	每处一般规模	
			建筑面积(m^2)	用地面积(m^2)
(5) 医院	含社区卫生服务中心	(1) 宜设于交通方便，环境较安静地段； (2) 10万人左右则应设一所300~400床医院； (3) 病房楼应满足冬至日不小于2h的日照标准	12000~18000	15000~25000

综合医院建设标准 建标 110—2008

第十一条　新建综合医院的建设规模，应根据当地城市总体规划、区域卫生规划、医疗机构设置规划、拟建医院所在地区的经济发展水平、卫生资源和医疗保健服务的需求状况以及该地区现有医院的病床数量进行综合平衡后确定。

第十二条　综合医院的日门（急）诊量与编制床位数的比值宜为3：1，也可按本地区相同规模医院前三年日门（急）诊量统计的平均数确定。

第十四条　磁共振成像装置、X线计算机体层摄影装置、核医学、高压氧舱、血液透析机等大型医疗设备以及中、西药制剂室等设施，应按照地区卫生事业发展规划的安排并根据医院的技术水平和实际需要合理设置，用房面积单独计算。

第十五条　综合医院配套设施的建设应坚持专业化协作和社会化服务的原则，充分利用城市公共设施或集中建设、统一供应。

第十六条　综合医院中急诊部、门诊部、住院部、医技科室、保障系统、行政管理和院内生活用房等七项设施的床均建筑面积指标，应符合表1的规定。

综合医院建筑面积指标（m^2/床） 表1

建设规模	200~300床	400~500床	600~700床	800~900床	1000床
建筑面积指标	80	83	86	88	90

第十八条　综合医院内预防保健用房的建筑面积，应按编制内每位预防保健工作人员20m^2配置。

第十九条　承担医学科研任务的综合医院，应以副高及以上专业技术人员总数的70%为基数，按每人32m^2的标准另行增加科研用房，并应根据需要按有关规定配套建设适度规模的中间实验动物室。

第二十条　医学院校的附属医院、教学医院和实习医院的教学用房配置，应符合表3的规定。

综合医院教学用房建筑面积指标（m²/学生）　　　　　　　　　表3

医院分类	附属医院	教学医院	实习医院
建筑面积指标	8~10	4	2.5

注：学生的数量按上级主管部门核定的临床教学班或实习的人数确定。

第二十一条　磁共振成像装置等单列项目的房屋建筑面积指标，可参照表4。

综合医院单列项目房屋建筑面积指标（m²）　　　　　　　　　表4

项目名称		单列项目房屋建筑面积
医用磁共振成像装置（MRI）		310
正电子发射型电子计算机断层扫描仪（PET）		300
X线电子计算机断层扫描装置（CT）		260
数字减影血管造影X线机（DSA）		310
血液透析室（10床）		400
体外震波碎石机室		120
洁净病房（4床）		300
高压氧舱	小型（1~2人）	170
	中型（8~12人）	400
	大型（18~20人）	600
直线加速器		470
核医学（含ECT）		600
核医学治疗病房（6床）		230
钴60治疗机		710
矫形支具与假肢制作室		120
制剂室		按《医疗机构制剂配制质量管理规范》执行

注：1. 本表所列大型设备机房均为单台面积指标（含辅助用房面积）；
　　2. 本表未包括的大型医疗设备，可按实际需要确定面积。

第二十二条　新建综合医院应配套建设机动车和非机动车停车设施。停车的数量和停车设施的面积指标，按建设项目所在地区的有关规定执行。

第二十三条　根据建设项目所在地区的实际情况，需要配套建设采暖锅炉房（热力交换站）设施的，应按有关规范执行。

第二十七条 综合医院的建设用地，包括急诊部、门诊部、住院部、医技科室、保障系统、行政管理和院内生活用房等七项设施的建设用地、道路用地、绿化用地、堆晒用地（用于燃煤堆放与洗涤物品的晾晒）和医疗废物与日产垃圾的存放、处置用地。

床均建设用地指标应符合表5的规定。

综合医院建设用地指标（m²/床） 表5

建设规模	200~300床	400~500床	600~700床	800~900床	1000床
用地指标	117	115	113	111	109

注：当规定的指标确实不能满足需要时，可按不超过11m²/床指标增加用地面积，用于预防保健、单列项目用房的建设和医院的发展用地。

第二十八条 承担医学科研任务的综合医院，应按副高及以上专业技术人员总数的70%为基数，按每人30m²，承担教学任务的综合医院应按每位学生30m²，在床均用地面积指标以外，另行增加科研和教学设施的建设用地。

第二十九条 新建综合医院机动车和非机动车停车场的用地面积，应在床均用地面积指标以外，按当地的有关规定确定。

第三十条 新建综合医院的绿地率不应低于35%；改建、扩建综合医院的绿地率不应低于30%。

■ 选址与防护要求

综合医院建设标准　建标110—2008

第二十五条 综合医院的选址应满足医院功能与环境的要求，院址应选择在患者就医方便、环境安静、地形比较规整、工程水文地质条件较好的位置，并尽可能充分利用城市基础设施，应避开污染源和易燃易爆物的生产、贮存场所。

综合医院的选址尚应充分考虑医疗工作的特殊性质，按照公共卫生方面的有关要求，协调好与周边环境的关系。

综合医院建筑设计规范（试行）　JGJ 49—88

第2.1.2条 基地选择应符合下列要求：

一、交通方便，宜面临两条城市道路；

二、便于利用城市基础设施；

三、环境安静，远离污染源；

四、地形力求规整；

五、远离易燃、易爆物品的生产和贮存区；并远离高压线路及其设施；

六、不应邻近少年儿童活动密集场所。

中医医院

■ 相关规范

名称	编号或文号	批准/发布部门	实施日期
中医医院建设标准	建标 106—2008	住房和城乡建设部 国家发展改革委员会	2008 年 8 月 1 日

■ 分类

中医医院建设标准　　建标 106—2008

第十一条　中医医院的建设规模，按病床数量，分为 60、100、200、300、400、500 床 6 种。

■ 内部构成

中医医院建设标准　　建标 106—2008

第十三条　中医医院的用房由急诊部、门诊部、住院部、医技科室和药剂科室等基本用房及保障系统、行政管理和院内生活服务等辅助用房组成（见附录一）。

第十四条　中医医院中药制剂室、中医传统疗法中心、大型医疗设备等项目的用房应根据需要合理设置，建筑面积单列。

承担科研、教学和实习任务的中医医院，根据其承担的任务量，增加相应的科研和教学等设施用房的建筑面积。

附录一
中医医院基本用房及辅助用房组成内容

1. 急诊部：内科诊室、外科诊室、妇（产）科诊室、儿科诊室、骨科诊室、中医治疗室、留观室、抢救室、输液室、治疗室、医护休息室、办公室、护士站、收费室、挂号室、药房、化验室、放射室等。

2. 门诊部：①内科诊室、外科诊室、妇（产）科诊室、儿科诊室、皮肤诊室、眼科诊室、耳鼻咽喉诊室、口腔诊室、肿瘤诊室、骨伤科诊室、肛肠诊室、老年病诊室、针灸诊疗室、推拿诊疗室、康复诊室、门诊治疗室、中心输液室、中医换药室、体检中心。②感染性疾病科（诊室、挂号、收费、化验、放射、药房）。

3. 住院部：住院病房、产房等。
4. 医技科室：检验科、血库、放射科、功能检查室、内窥镜室、手术室、病理科、供应室、营养部（含营养食堂）、医疗设备科、中心供氧站、核医学科、介入室、核磁共振室、办公室、休息室等。
5. 药剂科室：中药饮片库房、西药库房、中药调剂室、西药调剂室、临方炮制室、中成药库房、中成药调剂室、周转库、门诊药房、住院药房、中药煎药室、办公室、休息室等。
6. 保障系统：锅炉房、配电室、太平间、洗衣房、总务库房、通讯机房、设备机房、传达室、室外厕所、总务修理、污水处理房、垃圾处置房、汽车库、自行车库等。
7. 行政管理：办公室、计算机房、中医示范教学培训室、图书室、档案室等。
8. 院内生活服务：职工食堂、浴室、单身宿舍、小卖部等。

■ 设置规定与建设标准

中医医院建设标准　建标 106—2008

第三条　本建设标准适用于建设规模在 60～500 张病床的综合性中医医院新建、改建、扩建工程项目；中西医结合医院、民族医医院、中医专科医院的新建、改建、扩建工程项目可按其建设规模大小参照执行。

第十条　中医医院的建设规模，应结合所在地区的经济发展水平、卫生资源、中医医疗服务需求等因素，以拟建中医医院所在地区的区域人口数确定。每千人口中医床位数宜按 0.22～0.27 张床测算。

中医医院建设应立足于改扩建为主，在现有床位能满足正常业务需要的情况下，原则上不宜增加床位。

第十二条　中医医院的日门（急）诊量宜与所设病床数的 3.5 倍相匹配。具有中医专科特色的中医医院日门（急）诊量可按专科实际日门（急）诊量做相应调整。

第十七条　中医医院的急诊部、门诊部、住院部、医技科室和药剂科室等基本用房及保障系统、行政管理和院内生活服务等辅助用房的床均建筑面积应符合表 1 的指标。

中医医院建筑面积指标（m²/床） 表1

建设规模		60	100	200	300	400	500
	床位	60	100	200	300	400	500
	日门（急）诊人次	210	350	700	1050	1400	1750
建筑面积（m²/床）		69~72	72~75	75~78	78~80	80~84	84~87

注：1. 根据中医医院建设规模、所在地区、结构类型、设计要求等情况选择上限或下限；
　　2. 大于500床的中医医院建设，参照500床建设标准执行（下同）。

第十九条　当日门（急）诊人次与病床数之比值与本建设标准取用值相差较大时，可按每一日门（急）诊人次平均2m²，调整日门（急）诊部与其他功能用房建筑面积的比例关系。

第二十条　中药制剂室、中医传统疗法中心单列项目用房建筑面积指标可参照表2。

中医医院单列项目用房建筑面积指标（m²） 表2

项目名称 \ 建设规模（m²） \ 建筑面积(床位数)	100	200	300	400	500
中药制剂室	（小型）500~600		（中型）800~1200		（大型）2000~2500
中医传统疗法中心（针灸治疗室、熏蒸治疗室、灸疗法室、足疗区、按摩室、候诊室、医护办公室等中医传统治疗室及其他辅助用房）	350		500		650

第二十一条　承担科研、教学和实习任务的中医医院，应以具有高级职称以上专业技术人员总数的70%为基数，按每人30m²的标准另行增加科研用房的建筑面积。

中医药院校的附属医院、教学医院和实习医院的教学用房配置，应符合表4的规定。

中医医院教学用房建筑面积指标（m²/学生） 表4

医院分类	附属医院	教学医院	实习医院
面积指标	8~10	4	2.5

注：学生的数量按上级主管部门核定的临床教学班或实习的人数确定。

第二十二条　中医医院大型医疗设备单列项目用房建筑面积参照《综合医院建设标准》执行。

第二十六条　中医医院50%以上的病房应有良好的日照。门诊部、急诊部和病房应充分利用自然通风和天然采光。

第四十五条　新建中医医院要充分考虑医院用车特点，机动车和非机动车停车场的用地面积、停车的数量，可按当地有关部门的规定执行。①

第四十六条　新建中医医院的绿地率宜为30%～35%，改建、扩建中医医院的绿地率宜为25%～30%。建筑密度宜为25%～30%，新建建筑容积率宜控制在0.6～1.5之间，当改建、扩建用地紧张时，其建筑容积率可适当提高，但不宜超过2.5。具体指标应以当地规划部门所规定的指标为准。

■ 选址与防护范围要求

中医医院建设标准　建标 106—2008

第三十七条　中医医院选址应在地质条件、水文条件较好的地方；应选择在患者就医方便、卫生环境好、噪音较小、水电源充足的地方；并应远离托儿所、幼儿园及中小学等。同时应考虑中医医院对周边环境的影响。

---

① 条文说明中对停车指标进行了建议：参考《全国民用建筑工程设计技术措施》中的停车位指标，中医医院停车位标准可参考附表6：

中医医院停车位指标　　　　　　　　　　　　　　　　附表6

计算单位	机动车停车位	自行车停车位
建筑面积 1000m²	2～3	15～25

社区卫生服务中心（站）

■ 相关规范

名称	编号或文号	批准/发布部门	实施日期
城市社区卫生服务机构设置和编制标准指导意见	中央编办发 [2006] 96 号	中央机构编制委员会办公室 卫生部 财政部 民政部	2006 年 8 月 18 日
城市居住区规划设计规范（2002 年版）	GB 50180—93	建设部	2002 年 4 月 1 日
城市社区卫生服务中心基本标准	卫医发 [2006] 240 号	卫生部 国家中医药管理局	2006 年 6 月 30 日
城市社区卫生服务站基本标准	卫医发 [2006] 240 号	卫生部 国家中医药管理局	2006 年 6 月 30 日
社区卫生服务中心和服务站	GJBT—1040	建设部	2008 年 3 月 1 日

■ 内部构成

社区卫生服务中心和服务站　GJBT—1040

4.3.2　新建（迁建）独立式社区卫生服务中心的建设用地，包括公共卫生服务用房和基本医疗服务用房等设施的建设用地、道路用地、绿化用地、堆晒用地（用于燃煤堆放与洗涤物品的晾晒）和医疗废物与日产垃圾的存放用地。

■ 设置规定与建设标准

城市社区卫生服务机构设置和编制标准指导意见　中央编办发 [2006] 96 号

3. 社区卫生服务机构的设置范围。政府原则上按照街道办事处范围或 3~10 万居民规划设置社区卫生服务中心，根据需要可设置若干社区卫生服务站。新建社区，可由所在街道办事处范围的社区卫生服务中心就近增设社区卫生服务站。

4. 社区卫生服务中心的举办形式。要进一步加大政府举办社区卫生服务中心的力度，同时按照平等、竞争、择优的原则，鼓励社会力量举办。社区卫生服务中心主要通过对现有一级、部分二级医院和国有企事业单位所属医疗机构等进行转型或改造设立，也可由综合性医院举办。街道办事处范围内的一级医院和街道卫生院，可按照本意见的标准，直接改造为社区卫生服务中心。人员较多、规模较大的二级医院，可按本意见的标准，选择符合条件的人员，在医院内组建社区卫生服务中心，实行人事、业务、财务的单独管理。社会力量举办的卫生医疗机构，符合资质条件和区域卫生规划的，也可以认定为社区卫生服务中心，提供社区卫生服务。街道办事处范围内没有上述医疗单位的，在做好规划的基础上，政府应当建设社区卫生服务中心，或引进卫生资源举办社区卫生服务中心。

5. 社区卫生服务站的举办形式。社区卫生服务站举办主体可多元化。社区卫生服务站可由社区卫生服务中心举办，或由综合性医院、专科医院举办，也可按照平等、竞争、择优的原则，根据国家有关标准，通过招标选择社会力量举办。

城市居住区规划设计规范　GB 50180—93

公共服务设施各项目的设置规定（节选）　　　附表 A.0.3

项目名称	服务内容	设置规定	每处一般规模	
			建筑面积(m²)	用地面积(m²)
(6) 门诊所	或社区卫生服务中心	(1) 一般3~5万人设一处，设医院的居住区不再设独立门诊； (2) 设于交通便捷、服务距离适中地段	2000~3000	3000~5000
(7) 卫生站	社区卫生服务站	1~1.5万人设一处	300	500

社区卫生服务中心和服务站　GJBT—1040

4.2.1　社区卫生服务中心（站）的建设规模，要综合考虑服务社区人口数量、地理交通、服务半径、服务内容等因素，结合区域经济发展水平与区域卫生规划的要求。适当考虑未来发展的需要进行确定，但社区卫生服务中心的建筑面积应≥1000m²，①社区卫生服务站的面积应旁≥150m²，② 公共卫生服务用房和基本医疗服务用房面积应为1：1。

4.2.2　当服务人口超过5万，步行时间超过20min或服务半径过大时，可下设若干社区卫生服务站。当服务半径过小或人口过少时，可合并设置。

---

① 卫医发 [2006] 240 号《城市社区卫生服务中心基本标准》第五条有相同规定。
② 卫医发 [2006] 240 号《城市社区卫生服务站基本标准》第五条有相同规定。

4.2.3 社区卫生服务中心（站）的设置分类标准见表1。

设置分类标准 表1

分类	服务人口（人）	面积（m²）
Ⅰ	50000	2500
Ⅱ	40000	1800
Ⅲ	30000	1000
Ⅳ	20000	300
Ⅴ	10000	220
Ⅵ	5000	150

4.2.4 既有建筑改、扩建规模与功能要求可参考上述标准。

4.3.7 车位要求：新建（迁建）独立式社区卫生服务中心（站），应设置公共停车场。按小型汽车用地25m²/辆和自行车用地1.2m²/辆，另行增加公共停车场用地面积。停车的数量应按当地有关规定确定。

4.3.8 绿化要求：新建（迁建）独立式社区卫生服务中心（站）的建筑密度宜为25%~30%，绿地率不应低于35%；改建、扩建社区卫生服务中心的建筑密度不宜超过35%，绿地率不应低于35%。

4.5.2 对工作人员在5人以下的服务站按人均50m²计算，每站最低不低于150m²。

4.5.3 社区卫生服务中心（站）业务用房面积分配应满足功能、业务技术及设备装备的需要，六类典型规模各功能分区的建筑面积分配参考数值见表3。

各部门用房建筑面积分配参考表（m²） 表3

序号	分类	Ⅵ类	Ⅴ类	Ⅳ类	Ⅲ类	Ⅱ类	Ⅰ类
1	预防保健区	30	50	70	200	320	380
2	健康教育区	20	20	30	60	100	150
3	综合诊疗区	60	90	120	440	930	1370
4	康复训练区	20	30	40	100	150	200
5	行政后勤区	20	30	40	200	300	400
6	面积合计	150	220	300	1000	1800	2500

4.5.4 社区卫生服务中心（站）职工生活设施用房及其他用房要求应按国家及地方有关标准规范执行。

城市社区卫生服务中心基本标准　卫医发［2006］240号

二、床位

根据服务范围和人口合理配置。至少设日间观察床5张；根据当地医疗机构设置规划，可设一定数量的以护理康复为主要功能的病床，但不得超过50张。

五、房屋

（一）建筑面积不少于1000m^2，布局合理，充分体现保护患者隐私、无障碍设计要求，并符合国家卫生学标准。

（二）设病床的，每设一床位至少增加30m^2建筑面积。

城市社区卫生服务站基本标准　卫医发［2006］240号

二、床位

至少设日间观察床1张。不设病床。

五、房屋

建筑面积不少于150m^2，布局合理，充分体现保护患者隐私、无障碍设计要求，并符合国家卫生学标准。

■ 选址与防护要求

社区卫生服务中心和服务站　GJBT—1040

4.3.1　选址：社区卫生服务中心（站）的建设要与所在城市总体规划、新建或改建居住区公共服务设施配套建设要求、医疗机构建设规模和设置布局与要求相一致。贯彻适用、经济、美观、功能完善、布局合理、流程合理的原则，按照当地经济水平和地域条件合理确定。宜选择在患者就医方便、环境安静的位置，并应充分利用城镇基础设施，避开污染源和易燃易爆物的生产、贮存场所。

大 学

■ 相关规范

名称	编号或文号	批准/发布部门	实施日期
普通高等学校建筑规划面积指标	建标［1992］245号	建设部 国家计划委员会 国家教育委员会	1992年8月1日
普通高等学校体育场馆设施、器材配备目录	教体艺厅［2004］6号	教育部	2004年8月22日

■ 内部构成

普通高等学校建筑规划面积指标　建标［1992］245号

第八条　大学、专门学院的校舍规划建筑面积指标包括下列各种用房的建筑面积：

一、每所学校都必须配备的有教室、图书馆、实验室实习场所及附属用房、风雨操场、校行政用房、系行政用房、会堂、学生宿舍、学生食堂、教工住宅、教工宿舍、教工食堂、生活福利及其他附属用房共十三项。

二、学校根据需要可以配备的有专职科研机构用房、夜大学函授部用房、研究生用房、进修生及干训生用房、留学生用房、外籍教师用房共六项。

本规划建筑面积指标中未包括下列八项用房。学校如有需要，可根据实际情况报请主管部门另行审批：

（一）工科院校的生产性工厂及其附属用房，农林院校的生产性农场、牧场、林场及其附属用房，医学院校及个别体育院校的临床实习医院，师范院校的附中、附小、附属幼儿园，各类学校附设的子弟中小学。

（二）已离休、退休、调出教职工及已故教职工遗属所使用的教工住宅、食堂、浴室、医务所、托儿所、幼儿园等生活福利附属设施。

（三）生产性工厂、农场、牧场、林场职工所需的住宅、宿舍、食堂、浴室、医务所、托儿所、幼儿园等生活福利附属设施。

（四）个别学校的函授部因校外辅导站不足，必须在校内对部分学员进行集中辅导，需要增加建设的少量学生宿舍、学生食堂及教室。

（五）地方政府另有规定的住宅小区公共配套设施。

（六）采暖地区的供暖锅炉房。

（七）设防地区的人民防空地下室。

（八）自行车棚。

■ 设置规定与建设标准

普通高等学校建筑规划面积指标 建标［1992］245号

第九条 大学、专门学院各项校舍的规划建筑面积指标应采用不同的基本参数。本指标中每校都必须配备的十三项校舍中，教室、图书馆、实验室实习场所及附属用房、风雨操场、校行政用房、系行政用房、会堂、学生宿舍、学生食堂、教工食堂、生活福利及其他附属用房等十一项校舍均应采用以学生人数计的学校规模为其规划建筑面积指标的基本参数，但有的采用自然规模，有的采用折算规划。教工住宅、教工宿舍两项校舍应采用经主管部门批准的全校教职工人员编制总数为其规划建筑面积指标的基本参数。学校根据需要可以配备的六项校舍应分别采用专职科研人员数、夜大学函授部工作人员数、研究生数、进修生及干训生数、留学生数、外籍教师数为其规划建筑面积指标的基本参数。

第十三条 大学、专门学院的校舍规划建筑面积指标应按下列规定执行：

一、以学校规模为基本参数的十一项校舍的规划建筑面积总指标不得超过表4-1的规定。

二、以主管部门批准的全校教职工人员编制总数为基本参数的两项校舍规划建筑面积指标不得超过表4-2的规定（各类学校的指标相同）。

十一项校舍的规划建筑面积总指标（m^2/生） 表4-1

学校类别	学校规模	十一项校舍总指标			学校类别	学校规模	十一项校舍总指标		
		用自然规模计算	用折算规模计算	总计			用自然规模计算	用折算规模计算	总计
综合大学	2000	23.98	3.69	27.67	医学院校	1000	30.06	4.31	34.37
	3000	22.57	3.45	26.02		2000	25.80	3.71	29.51
	5000	21.01	3.22	24.23		3000	24.18	3.46	27.64
工科院校	2000	27.49	3.69	31.18	政法院校	2000	17.63	3.68	21.31
	3000	25.84	3.45	29.29		3000	16.70	3.42	20.12
	5000	24.07	3.22	27.29		5000	15.77	3.18	18.95

续表

学校类别	学校规模	十一项校舍总指标			学校类别	学校规模	十一项校舍总指标		
		用自然规模计算	用折算规模计算	总计			用自然规模计算	用折算规模计算	总计
师范院校	2000	23.92	3.69	27.61	财经院校	2000	17.63	3.68	21.31
	3000	22.61	3.45	26.06		3000	16.70	3.42	20.12
	5000	21.06	3.20	24.26		5000	15.77	3.18	18.95
农业院校	2000	27.29	3.69	30.98	外语院校	1000	21.19	4.35	25.54
	3000	25.51	3.45	28.96		2000	18.53	3.78	22.31
	5000	23.63	3.22	26.85		3000	17.64	3.50	21.14
林业院校	2000	28.06	3.69	31.75	体育院校	500	30.41	5.59	36.00
	3000	26.45	3.45	29.90		1000	36.05	4.35	40.40
	5000	24.35	3.22	27.57		2000	30.27	3.75	34.02

两项校舍的规划建筑面积指标（m²/人）　　　　　　　　　　表4-2

校舍名称	规划建筑面积指标
教工住宅	34.14
教工宿舍	2.33

第四十七条　高等专科学校的校舍规划建筑面积指标应按下列规定执行：

一、以学校规模为基本参数的十一项校舍的规划建筑面积总指标不得超过表22-1的规定。

十一项校舍的规划建筑面积总指标（m²/生）　　　　　　　　表22-1

学校类别	学校规模	十一项校舍总指标	学校类别	学校规模	十一项校舍总指标
工业专科学校	1000	34.48	医学专科学校	1000	33.17
	2000	30.19		2000	28.74
	3000	28.49	政法专科学校	1000	23.60
师范专科学校	1000	30.49		2000	20.49
	2000	26.82	财经专科学校	1000	23.60
	3000	25.40		2000	20.49
农业专科学校	1000	34.28	体育专科学校	500	34.93
	2000	30.21		1000	39.59
	3000	28.31			

二、以主管部门批准的全校教职工人员编制总数为基本参数的两项校舍规划建筑面积指标不得超过表22-2的规定。

两项校舍的规划建筑面积指标（m²/人）　　　　表22-2

校舍名称	规划建筑面积指标
教工住宅	33.06
教工宿舍	2.25

第五十七条 每所普通高等学校都应安排的规划建设用地包括各校都应配备的十三项校舍所需的建设用地、体育设施建设用地及专用绿地三大项。

根据需要已配备了其他六项校舍（或其中的一部分）的学校尚应安排相应的校舍建设补助用地。某些院校根据教学的需要还应安排专门的实习用地如农场、牧场、林场、靶场、农机及汽车驾驶实习场、生物实习园等。

本用地指标中未包括下列各项用地面积：

一、起伏较大不适于进行建筑的山地以及河流、池塘、湖泊等。

二、除农场、林场、牧场、树木园、生物实习园外的各种专门实习用地。

三、规模较大的学校的垃圾转运场及堆煤场。

四、规划建筑面积中未包括的八项校舍（见第八条）所需的建设用地。学校需要上述四种用地的某些部分时，应在本用地指标之外专案报请有关主管部门另行拨给。

第五十八条 普通高等学校校舍建设用地、体育设施建设用地、专用绿地、专门实习场地的规划用地指标均应采用学校（或系）的自然规模为基本参数。校舍建设用地补助指标应分别采用各种有关的教职工人数及学生人数为基本参数。

第五十九条 普通高等学校在工程的规划与建设中必须科学合理、节约用地，尽量集中紧凑地进行布置，在不影响使用功能的前提下适当提高建筑层数与建筑覆盖率。教室、图书馆、实验科研用房、教工住宅、教工宿舍、学生宿舍等项建筑的平均层数不低于4.5层，建筑覆盖率不小于23.5%；食堂、风雨操场、会堂，仓库及一些生活福利附属用房的平均层数不低于1.5层，建筑覆盖率不小于31.5%。

第六十条 每所普通高等学校都应安排的三大项用地的规划建设用地总指标不宜超过表29的规定。

普通高等学校三项用地的总指标（m²/生） 表29

大学、专门学院			高等专科学校		
学校类别	学校规模	三大项指标合计	学校类别	学校规模	三大项指标合计
综合大学、师范、政法、财经、外语院校	1000	68	师范、政法财经专科学校	1000	65
	2000	63		2000	60
	3000	58		3000	56
	5000	54			
工业、农业、林业、医学院校	1000	72	工业、农业、医学专科学校	1000	70
	2000	68		2000	66
	3000	63		3000	61
	5000	59			
体育院校	500	119	体育专科学校	500	116
	1000	110		1000	108
	2000	88			

普通高等学校体育场馆设施、器材配备目录　教体艺厅［2004］6号

附件二：

普通高等学校体育场馆设施配备目录

一、在校学生数（含研究生）为 10000 人及以下规模的普通高等学校体育场馆设施配备目录

类别	室外场地设施	室内场地设施
基本配备类	一、面积（生均 4.7 m²） 二、设施内容 1. 必配类 a. 400m 标准田径场（内含标准足球场）1 块。 b. 25m 或 50m 标准游泳池 1 个。 c. 篮球场、排球场、网球场共 35 块以上。 d. 健身器械区若干。 2. 选配类 结合学校的人力、财力及学生的兴趣、爱好选择其他设施内容。 三、基本要求 a. 400m 标准塑胶田径场（人造草或天然草）。 b. 25m 或 50m 标准室外游泳池，具有完整的一套供学生更衣、冲洗的设施。 c. 篮球场、排球场、网球场全部进行硬化或绿化。	一、面积（生均 0.3 m²） 二、设施内容 1. 必配类 a. 风雨操场 1 个。 b. 健身房（室内活动用房）面积若干。 c. 固定的学生体质健康检测场所。 2. 选配类 a. 乒乓球（羽毛球）室 1 个。 b. 多功能综合健身房 1 个。 三、基本要求 a. 地面为平整土质。 b. 各专项用房地面均为木质或塑胶。 c. 通风和采光良好。

续表

类别	室外场地设施	室内场地设施
发展类	一、面积（生均5.6m²） 二、设施内容 a. 400m、300m田径场（内含足球场）各1块。 b. 标准室外25m或50m游泳池1个（或轮滑、滑雪场地1片）。 c. 篮球场、排球场、网球场、非规范足球场30块以上。 d. 体操、武术、散打、健身器械区若干。 e. 野外活动（登山、自行车、冲浪等）基地1处。 f. 按学校传统和资源自主选择发展类项目。 三、基本要求 a. 400m塑胶田径场1块。 b. 标准的25m或50m室外游泳池，其中配置更衣室、冲洗房等完整设施。 c. 篮球场、排球场90%硬化（沥青地面），其中40%以上为塑胶或人工草皮地面。 d. 网球场地至少1块为塑胶地面。 e. 其他项目的设施配置适合于项目活动的基本要求。	一、面积（生均0.4m²） 二、设施内容 a. 体育馆1座。 b. 风雨操场面积若干。 c. 乒乓球（羽毛球）室1个。 d. 多功能综合健身房1个。 e. 固定的学生体质健康检测场所。 三、基本要求 a. 体育馆地面为木质或塑胶。 b. 风雨操场地面为塑胶或沥青。 c. 其他室内运动场地地面均应满足该项运动的要求。 d. 良好的通风、采光、照明等条件。

二、在校学生数（含研究生）为10000～20000人规模的普通高等学校体育场馆设施配备目录

类别	室外场地设施	室内场地设施
基本配备类	一、面积（生均4.7m²） 二、设施内容 1. 必配类 a. 400m田径场（内含足球场）2个。 b. 25m×50m标准室外游泳池1个。 c. 篮球场、排球场、网球场60块以上。 d. 武术、健身器械区若干。 2. 选配类 结合学校的人力、财力及学生的兴趣、爱好选择其他设施内容。 三、基本要求 a. 400m塑胶田径场2个。 b. 天然草皮或人工草皮足球场2块。 c. 25m×50m标准室外游泳池，具有一套完整的供学生更衣、冲洗的设施。 d. 篮球场、排球场、网球场地100%硬化。 e. 网球场地50%塑胶。 f. 其他设施符合某项目活动的相应条件。	一、面积（生均0.3m²） 二、设施内容 1. 必配类 a. 综合多功能体育馆1座。 b. 50m室内游泳馆1座。 c. 风雨操场1个。 d. 固定的学生体质健康检测场所。 2. 选配类 a. 跆拳道室（健美操房）1个。 b. 乒乓球房（羽毛球房）1个。 三、基本要求 a. 体育馆坐席不少于3000座。 b. 游泳馆坐席不少于600个。 c. 各专项用房地面均为木质或塑胶。

续表

类别	室外场地设施	室内场地设施
发展类	一、面积（生均5.6m²） 二、设施内容 a. 400m标准田径场3~4块。 b. 足球场地3~4块。 c. 篮球场、排球场、网球场70~80块。 d. 50m室外游泳池2个（或轮滑、滑雪场地2片）。 e. 体操、武术、散打、健身器械区若干。 f. 野外活动（登山、野营、滑水、帆板、自行车、冲浪等）基地1处。 g. 攀岩场地2块。 h. 棒球（垒球）场地2块。 i. 民族传统项目活动区若干。 三、基本要求 a. 400m塑胶田径场3块。 b. 天然草皮或人工草皮足球场3个。 c. 篮球场、排球场硬化面积100%（沥青地面），其中塑胶地面或人工草皮面积80%以上。 d. 网球场地70%以上为塑胶地面。 e. 25m×50m室外标准游泳池配置更衣室、冲洗房等完整设施。 f. 其他项目的设施配置适合于项目活动的基本要求。	一、面积（生均0.4m²） 二、设施内容 a. 多功能综合体育馆1座。 b. 风雨操场2个。 c. 乒乓球、羽毛球室内房1个。 d. 50m游泳馆1座。 e. 手球场地1个（可与篮球场地共用）。 f. 拳击、防身术、形体场地1处。 g. 壁球场4处。 h. 固定的学生体质健康检测场所。 三、基本要求 a. 综合体育馆坐席不少于4000坐席。 b. 25m×50m标准游泳馆，其坐席不少于600个。 c. 其他室内运动场地地面均应满足该项运动的要求。

三、在校学生数（含研究生）为20000人及以上规模的普通高等学校体育场馆设施配备目录

类别	室外场地设施	室内场地设施
基本配备类	一、面积（生均4.7m²） 二、设施内容 1. 必配类 a. 400m田径场（内含足球场）4个。 b. 篮球场、排球场、网球场80个。 c. 25m×50m室外游泳池（轮滑、滑雪场地）2个。 d. 武术、健身器械区若干。 2. 选配类 结合学校的人力、财力及学生的兴趣、爱好选择其他设施内容。 三、基本要求 a. 400m塑胶田径场4个。 b. 天然草皮或人工草皮足球场4块。 c. 25m×50m标准室外游泳池，具有完整的供学生更衣、冲洗的设施。 d. 篮球场、排球场90%硬化。 e. 网球场地80%塑胶。 f. 其他设施符合某项目活动的相应条件。	一、面积（生均0.3m²） 二、设施内容 a. 多功能综合体育馆1座。 b. 50m室内游泳馆1座。 c. 风雨操场2个。 d. 室内单项运动场地若干。 e. 固定的学生体质健康检测场所。 三、基本要求 a. 体育馆坐席不少于4000座。 b. 游泳馆坐席不少于600个。 c. 各专项用房地面均为木质或塑胶。

续表

类别	室外场地设施	室内场地设施
发展类	一、面积（生均5.6m²） 二、设施内容 a. 400m田径场在基本配备类标准的基数上每增加5000人增设1个。 b. 足球场地在20000人发展类标准的基数上每增加5000人增设1个。 c. 篮球场、排球场、非规范足球场、网球场在20000人发展类目录的基数上每增加500人各增设1个。 d. 50m室外游泳池（轮滑、滑雪场地）在20000人发展类目录的基数上每增加10000人增设1个。 e. 体操、武术、散打、健身器械区若干。 f. 野外活动（登山、野营、滑水、帆板、自行车、冲浪等）基地1处。 g. 攀岩场地2块。 h. 棒球（垒球）场地在20000人发展类目录的基数上每增加10000人增设1个。 i. 民族传统项目活动区若干。 三、基本要求 a. 400m塑胶田径场占田径场数目的2/3以上。 b. 天然草皮或人工草皮足球场占足球场数目的2/3以上。 c. 篮球场、排球场硬化面积100%（沥青地面），其中塑胶地面或人工草皮面积80%以上。 d. 网球场地90%以上为塑胶地面。 e. 50m室外标准游泳池配置更衣室、冲洗房等完整设施。 f. 其他项目的设施配置适合于项目活动的基本要求。	一、面积（生均0.4m²） 二、设施内容 a. 多功能综合体育馆2座。 b. 风雨操场3个。 c. 乒乓球、羽毛球室内房2~3个。 d. 25m×50m游泳馆在20000人发展类目录的基数上每增加20000人增设1个。 e. 各单项均有专用的室内运动场地。 f. 满足每单元开课学生室内的教学需要。 g. 固定的学生体质健康检测场所。 三、基本要求 a. 综合体育馆坐席不少于5000坐席。 b. 每个风雨操场面积不少于2000m²。 c. 每个综合健身房不少于300m²。 d. 每个标准游泳馆，其坐席不小于600个。 e. 每个乒乓球、羽毛球练习房不小于300m²。 f. 每个拳击、防身术、形体场地不小于300m²。 g. 其他设施标准同前。

普通中等专业学校

■ 相关规范

名称	编号或文号	批准/发布部门	实施日期
全日制普通中等专业学校校舍规划面积定额（试行）	（87）教基字008号	国家教育委员会 国家计划委员会	1987年03月05日
普通中等专业学校设置暂行办法	（86）教职字010号	国家教育委员会	1986年10月18日

■ 内部构成

全日制普通中等专业学校校舍规划面积定额（试行）
（87）教基字008号

第二章

第一节　教室

一、内容

包括普通教室、合班教室、阶梯教室、设计制图教室、音乐教室、琴房、美术教室、语音教室以及电教工作用房等。

第二节　图书馆（室）

一、内容

包括学生阅览室、教师阅览室、特种阅览室、报刊阅览室、书库、办公用房、图书目录、出纳用房等。

第三节　实验室、实习工厂及附属用房

一、内容

包括普通课、基础课和专业课所需的教学实验室、实习工厂及附属用房（如准备室、仪器室、模型室、陈列室、充电室等）。不包括生产性工厂、农（林）场、附属医院以及野外实习基地用房等。

第四节　风雨操场

一、体育学校按照不同规模可设室内篮（排）球场、体操房、游泳馆、乒乓球

房、武术房、身体功能房、举重房、田径跑道等。其建筑面积定额如表 4A 所示：（表 4A 详见规范原文）

第五节　教师办公用房

每位教师设一办公桌位，使用面积 $4m^2$，供备课、休息和集体活动用。建筑面积定额如表所示（K=0.65）：（表格详见规范原文）

第六节　行政用房

一、内容

包括学校各级干部和职工的办公用房，以及会议室、档案室、收发室、文印室、电话机房、广播室、党团办公室、传达室等。

第七节　教职工宿舍及住宅

一、内容

包括学校及附属单位在编人员所需的单身教职工宿舍及带眷教职工住宅。

第八节　学生食堂

一、内容

包括餐厅、厨房、主副食库房、食堂管理用房等。

第九节　教职工食堂

一、内容

包括餐厅、厨房、主副食库房、食堂管理用房等。

第十节　学生宿舍

一、内容

包括学生居室、盥洗室、厕所等。

第十一节　福利及附属用房

一、内容

包括教职工子弟的托幼用房、医务所、学生浴室、教职工浴室、理发室、总务仓库、综合修理、茶炉房、教务仓库、变电所、汽车库、教职工及学生生活用房、印刷室等。

第三章

第一节　内容及适用范围

一、中等专业学校用地面积包括校舍建筑用地、体育用地、集中绿化用地三部分。不包括池塘、湖泊、河流、沼泽等非建筑用地的面积，也不包括各类学校的实习基地，如农（林）学校的实习农（林）场和苗圃，交通学校、警察学校和农（林）学校等的汽车、摩托车和农机驾驶的实习场地，以及警察学校的靶场所需的土地面积等。上述用地由有关主管部门另行核定。

■ 设置规定与建设标准

全日制普通中等专业学校校舍规划面积定额（试行）
（87）教基字 008 号

第二章

第十二节　全日制普通中等专业学校校舍规划面积定额总表

全日制普通中等专业学校校舍规划面积定额总表

（单位：建筑面积 m^2/生）　　　　　　　　　　总表1

学校类别	学校规模①	教室	图书馆	实验室、实习工厂附属用房	风雨操场	教师办公用房	行政用房	教工宿舍及住宅	学生宿舍	教工食堂	学生食堂	福利及附属用房	合计
工科	640	3.72	1.41	8	1.14	0.77	1.11	7.21	5	0.33	1.56	2.64	32.89
	960	3.55	1.28	7.5	0.88	0.72	1	6.8	5	0.29	1.4	2.36	30.78
	1280	3.49	1.19	7	0.81	0.68	0.96	6.48	5	0.26	1.31	2.26	29.44
	1600	3.39	1.08	6.5	0.68	0.65	0.91	6.15	5	0.25	1.22	2.14	27.97
农林医药	640	3.09	1.41	7.2	1.14	0.77	1.11	7.21	5	0.33	1.56	2.64	31.46
	960	2.89	1.28	6.7	0.88	0.72	1	6.8	5	0.29	1.4	2.36	29.32
	1280	2.75	1.19	6.2	0.81	0.68	0.96	6.48	5	0.26	1.31	2.26	27.9
	1600	2.71	1.08	5.7	0.68	0.65	0.91	6.15	5	0.25	1.22	2.14	26.49
政法财经	640	2.78	1.55	2	1.14	0.68	1.05	5.7	5	0.29	1.56	2.64	24.39
	960	2.68	1.37	1.75	0.88	0.65	0.94	5.34	5	0.26	1.4	2.36	22.63
	1280	2.6	1.23	1.5	0.81	0.62	0.87	4.96	5	0.23	1.31	2.26	21.39
体育	640	2.56	1.02	1.4	8.09	1.23	1.34	9.23	6	0.41	1.56	2.64	35.48
	960	2.35	0.91	1.2	7.79	1.19	1.19	8.43	6	0.37	1.4	2.36	33.19
师范	640	4.23	1.5	1.7	1.14	0.62	0.89	4.15	5	0.24	1.56	2.64	23.67
	960	3.97	1.32	1.5	0.88	0.62	0.83	4.15	5	0.22	1.4	2.36	22.25

注：1. 学校规模介于表中两个规模之间者，可用插入法取值；

2. 小于表列最小规模或大于表列最大规模的学校，可分别采用表中最小或最大规模的定额值；

3. 幼儿师范学校可参照中等师范学校的定额执行；

4. 设有建筑学及城市规划专业的学校的教室及公安学校的风雨操场经主管部门批准可酌情提高其建筑面积定额；

5. 学校在进行总体规划时可以预留会堂的位置，经主管部门专案批准的可以进行建设。

---

① （86）教职字010号《普通中等专业学校设置暂行办法》第八条规定：设置中等专业学校，在校学生规模不应少于640人（体育、艺术类学校另订），专业设置要与规模相适应，不宜过多。

第三章
第五节　全日制普通中等专业学校用地面积定额总表

全日制普通中等专业学校用地面积定额总表（单位：m²/生）　　　总表2

类别	规模（人）	校舍建筑用地	体育用地	集中绿化用地	总用地面积定额
工、农、林、医药	640	42	19	5	66
	960	39	18	5	62
	1280	37	16	5	58
	1600	35	14	5	54
政法、财经	640	29	19	5	53
	960	27	18	5	50
	1280	25	16	5	46
体育	640	48	34	5	87
	960	47	33	5	85
师范	640	29	19	5	53
	960	27	18	5	50

注：学校的实际规模介于表列两规模之间时，可用插入法取值；学校规模小于或大于表中最小或最大规模时，可分别采用最小或最大规模的定额值。

■ 选址与防护要求

普通中等专业学校设置暂行办法　（86）教职字010号

第七条　新建中等专业学校的校址，一般应选择在交通便利、经济文化较发达、物质生活供给有保障的地区，并尽可能靠近学生进行实习的场所。学校环境应符合教学和卫生保健要求。

技工学校

■ 相关规范

名称	编号或文号	批准/发布部门	实施日期
技工学校（机械类通用工种）建筑规划面积指标（试行）	劳办培字（1991）18号	劳动部	1991年8月25日

■ 设置规定与建设标准

技工学校（机械类通用工种）建筑规划面积指标（试行）
劳办培字（1991）18号

技工学校（机械类通用工种）建筑规划面积指标（单位：建筑面积 m^2/生）

学校规模	教室	图书馆	实习工厂实验室及用房	教师办公用房	行政办公用房	教职工宿舍和住宅	学生宿舍	教职工食堂	学生食堂	福利及附属用房	合计
400~600	3.72	1.20	8.00	0.77	1.10	6.74	5.00	0.33	1.56	2.64	31.06
800~1000	3.55	1.07	7.50	0.72	1.00	6.33	5.00	0.29	1.40	2.36	29.22

注：1. 非机械类的学校除实习工厂、实验室及附属用房可根据工种（专业）特点适当调整外，其他建筑规划面积指标应按此执行；
　　2. 中、小企业办的技工学校，凡教职工宿舍和住宅由企业统建的，其教职工宿舍和住宅的标准可参照执行。

高级技工学校

■ 相关规范

名称	编号或文号	批准/发布部门	实施日期
高级技工学校标准	劳社部发〔2007〕27号	劳动和社会保障部	2007年7月5日

■ 设置规定与建设标准

高级技工学校标准　劳社部发〔2007〕27号

第三条　申请设立高级技工学校应具备国家重点技工学校资格，并举办过两届以上高级技工培训班。

第四条　学校专业设置应紧密结合区域经济发展需要，适应企业生产实际对高技能人才的需求，常设高级技工专业一般不少于4个。

第五条　学校办学规模应与本地区经济和社会发展相适应，在校生规模达2000人以上，其中，高级工班在校生3年内达到800人以上。开展各类职业培训每年不少于1000人次，其中企业在职职工高级工及以上培训规模每年不少于500人次。

第六条　学校占地面积和建筑面积与其专业设置类别和办学规模相适应。占地面积（不含教职工宿舍等非教学用房区域）不少于6.6万m^2（约100亩），建筑面积一般不少于5万m^2（不含教职工宿舍等非教学用房），其中实习、实验场所建筑面积不少于1.5万m^2。

第十二条　校内实习场所和实习基地必须满足国家职业标准规定的高级工技能操作项目的要求，保证每生有实习工位。校内实习场所主要实习设备、设施（或仿真模拟设备）要配套，并达到国内先进水平。

高等职业学校

■ 相关规范

名称	编号或文号	批准/发布部门	实施日期
高等职业学校设置标准（暂行）	教发［2000］41号文	教育部	2000年3月15日

■ 设置规定与建设标准

高等职业学校设置标准（暂行） 教发［2000］41号文

第三条 设置高等职业学校，须有与学校的学科门类、规模相适应的土地和校舍，以保证教学、实践环节和师生生活、体育锻炼与学校长远发展的需要。建校初期，生均教学、实验、行政用房建筑面积不得低于$20m^2$；校园占地面积一般应在150亩左右（此为参考标准）。

必须配备与专业设置相适应的必要的实习实训场所、教学仪器设备和图书资料。适用的教学仪器设备的总值，在建校初期不能少于600万元；适用图书不能少于8万册。

第七条 新建高等职业学校应在4年内达到以下基本要求：

1. 全日制在校生规模不少于2000人；

2. 大学本科以上学历的专任教师不少于100人，其中，具有副高级专业技术职务以上的专任教师人数不低于本校专任教师总数的25%；

3. 与专业设置相适应的教学仪器设备的总值不少于1000万元，校舍建筑面积不低于6万m^2，适用图书不少于15万册；

4. 形成了具有高等职业技术教育特色的完备的教学计划、教学大纲和健全的教学管理制度。

对于达不到上述基本要求的学校，视为不合格学校，进行适当处理。

残疾人中等职业学校

第二条　本标准所称残疾人中等职业学校是指经国家规定的主管部门批准设立，按照国家有关招生政策，以初中毕业或同等学历的残疾人为主要招生对象，实施学历教育的全日制中等职业学校。（残疾人中等职业学校设置标准）

■ 相关规范

名称	编号或文号	批准/发布部门	实施日期
残疾人中等职业学校设置标准（试行）	残联发〔2007〕16号	中国残疾人联合会 教育部	2007年4月28日

■ 设置规定与建设标准

残疾人中等职业学校设置标准（试行）　残联发〔2007〕16号

第八条　设置残疾人中等职业学校，要有基本的办学规模。常设专业一般不少于4个，在校生一般不少于200人，班额原则上为15~20人。

第十条　设置残疾人中等职业学校，应符合个别化、无障碍、信息化原则。须有与办学规模、专业设置和残疾人特点相适应的校园、校舍和设施。

校园（不含教职工宿舍和相对独立的附属机构）占地面积不少于2万m^2（约30亩），一般生均占地面积不少于80m^2。

校舍（不含教职工宿舍和相对独立的附属机构）建筑面积不少于1万m^2，一般生均建筑面积不少于35m^2。

体育用地：须有200m以上环型跑道的田径场，有满足残疾人教学和体育活动需要的其他设施和场地。

图书馆和阅览室：要适应办学规模，满足教学需要。适用印刷图书生均不少于30册，有盲文图书、有声读物和盲、聋生电子阅览室，报刊种类50种以上。教师阅览（资料）室和学生阅览室的座位数应分别按不低于教职工总数的20%和学生总数的10%设置。

设施、设备与实训基地：必须具有与专业设置相匹配、满足教学要求的实验、实习设施和仪器设备，设施和仪器设备要规范、实用；要有与所设专业相对应的校内实训基地和相对稳定的校外实训活动基地。

要根据学生残疾类别及程度的实际需要设置康复训练、专用检测等学习及生活所需专用教室和特殊器具设备。

信息化建设：要具备能够应用现代教育技术手段，实施教育教学与管理信息化所需的软、硬件设施、设备，并具备安全监控功能。

■ 选址与防护要求

残疾人中等职业学校设置标准（试行）　残联发〔2007〕16号

第四条　新建残疾人中等职业学校校址，一般要选在交通便利、公用设施较完善的地方。学校环境要符合残疾人教育教学、校园安全和卫生保健要求。

中小学

■ 相关规范

名称	编号或文号	批准/发布部门	实施日期
城市居住区规划设计规范（2002年版）	GB 50180—93	建设部	2002年4月1日
中小学校建筑设计规范	GBJ 99—86	国家计划委员会	1987年10月1日
城市普通中小学校校舍建设标准	建标［2002］102号	建设部 国家计划委员会 教育部	2002年7月1日

■ 分类

城市普通中小学校校舍建设标准　建标［2002］102号

第六条　学校建设规模

一、城市普通中小学校的建设规模应根据批准的学校规模、城市建设规划的要求确定。

二、学校规模和班额人数

1. 完全小学：12班、18班、24班、30班，每班45人。
2. 九年制学校：18班、27班、36班、45班，小学阶段每班45人、中学阶段每班50人。
3. 初级中学：12班、18班、24班、30班，每班50人。
4. 完全中学：18班、24班、30班、36班，每班50人。
5. 高级中学：18班、24班、30班、36班，每班50人。

■ 内部构成

中小学校建筑设计规范　GBJ 99—86

第2.2.1条　学校用地应包括建筑用地、运动场地和绿化用地三部分。各部分用地的划分应符合下列规定：

一、建筑用地、运动场地、绿化用地之间有绿化带隔离者，应划至绿化带边缘；无绿化带隔离者，应以道路中心线为界。

二、学校建筑用地应包括建筑占地面积、建筑物周围通道、房前屋后的零星绿地、小片课间活动场地。

三、学校运动场地应包括体育课、课间操及课外体育活动的整片运动场地。

四、学校绿化用地应包括成片绿地和室外自然科学园地。

城市普通中小学校校舍建设标准　建标［2002］102号

第七条　校舍用房的组成①

一、城市普通中小学校校舍由教学及教学辅助用房、办公用房、生活服务用房三部分组成。

二、教学及教学辅助用房

1. 完全小学：设置普通教室；自然教室、音乐教室、美术教室、书法教室、语言教室、计算机教室、劳动教室等专用教室和辅助用房；多功能教室、图书室、科技活动室、心理咨询室、体育活动室等公共教学用房及其辅助用房。

2. 九年制学校：设置普通教室；自然教室、实验室、音乐教室、美术教室、书法教室、地理教室、语言教室、计算机教室、劳动技术教室等专用教室和辅助用房；多功能教室、图书室、科技活动室、心理咨询室、体育活动室等公共教学用房及其辅助用房。

3. 初级中学：设置普通教室；实验室、音乐教室、美术教室、书法教室、地理教室、语言教室、计算机教室、劳动技术教室等专用教室及辅助用房；合班教室、图书馆、科技活动室、心理咨询室、体育活动室等公共教学用房及其辅助用房。

4. 完全中学：设置普通教室；实验室、音乐教室、美术教室、书法教室、地理教室、语言教室、计算机教室、劳动技术教室等专用教室及辅助用房；合班教室、图书馆、科技活动室、心理咨询室、体育活动室等公共教学用房及其辅助用房。

5. 高级中学：设置普通教室；实验室、音乐教室、美术教室、书法教室、地理教室、语言教室、计算机教室、劳动技术教室等专用教室及其辅助用房；合班教室、图书馆、科技活动室、心理咨询室、体育活动室等公共教学用房及其辅助用房。

三、办公用房

城市普通中小学校设置教学办公室、行政办公室、社团办公室及广播室，会议接待室、德育展览室、卫生保健室等管理用房。

四、生活服务用房

城市普通中小学校应根据办学的实际需要设置教工单身宿舍、教职工与学生食

---

① 《中小学校建筑设计规范》GBJ 99—86 第3.1.1条有相似规定，用房的分类及数量较本规范少。

堂、开水房、汽车库、配电室、教工与学生厕所等用房；可设置学生宿舍、锅炉房、浴室、自行车库等用房。

五、重点学校、示范性学校、民族学校以及有特殊要求的学校经主管部门批准，可增设本条未列出的其他用房。

■ 设置规定与建设标准

城市居住区规划设计规范　GB 50180—93

公共服务设施各项目的设置规定（节选）　　　　　　　附表 A.0.3

项目名称	服务内容	设置规定	每处一般规模	
			建筑面积（m²）	用地面积（m²）
（3）小学	6~12周岁儿童入学	（1）学生上下学穿越城市道路时，应有相应的安全措施； （2）服务半径不宜大于500m； （3）教学楼应满足冬至日不小于2h的日照标准不限	—	12班≥6000 18班≥7000 24班≥8000
（4）中学	12~18周岁青少年入学	（1）在拥有3所或3所以上中学的居住区或居住地内，应有一所设置400m环形跑道的运动场； （2）服务半径不宜大于1000m； （3）教学楼应满足冬至日不小于2h的日照标准不限	—	18班≥11000 24班≥12000 30班≥14000

城市普通中小学校校舍建设标准　建标〔2002〕102号

第十一条　校舍建筑面积指标

一、城市普通中小学校校舍建筑面积指标分规划指标和基本指标两部分。学校若分期建设，首期建成校舍的建筑面积不应低于基本指标的规定。

重点学校、示范性学校、民族学校以及有特殊要求的学校经主管部门批准增列的校舍用房，可另行增加面积指标。

二、城市普通中小学校校舍建筑面积和生均建筑面积指标如表4-1。

城市普通中小学校校舍建筑面积指标表（单位：m²）　　　表4-1（1）

项目名称		基本指标					
		12班	18班	24班	27班	30班	36班	45班
完全小学	面积合计	3670	4773	5903	—	7002	—	—
	生均面积	6.8	5.9	5.5	—	5.2	—	—

续表

项目名称		基本指标						
		12班	18班	24班	27班	30班	36班	45班
九年制学校	面积合计	—	5485	—	7310	—	9403	11582
	生均面积	—	6.5	—	5.8	—	5.6	5.5
初级中学	面积合计	4772	6379	7972	—	9572	—	—
	生均面积	7.9	7.1	6.7	—	6.4	—	—
完全中学	面积合计	—	6495	8120	—	9734	11387	—
	生均面积	—	7.3	6.8	—	6.5	6.3	—
高级中学	面积合计	—	6604	8249	—	9892	11539	—
	生均面积	—	7.4	6.9	—	6.6	6.4	—

城市普通中小学校校舍建筑面积指标表（单位：m²） 表4-1（2）

项目名称		规划指标						
		12班	18班	24班	27班	30班	36班	45班
完全小学	面积合计	5394	6714	8465	—	9689	—	—
	生均面积	10.0	8.3	7.9	—	7.2	—	—
九年制学校	面积合计	—	7774	—	9848	—	13312	16190
	生均面积	—	9.3	—	7.9	—	8.0	7.8
初级中学	面积合计	6802	9084	11734	—	13542	—	—
	生均面积	11.4	10.1	9.8	—	9.0	—	—
完全中学	面积合计	—	9207	11865	—	13654	15764	—
	生均面积	—	10.3	9.9	—	9.1	8.8	—
高级中学	面积合计	—	9292	11970	—	13789	15915	—
	生均面积	—	10.4	10.0	—	9.2	8.9	—

注：1. 上表建筑面积以墙厚240mm计算，寒冷和严寒地区学校的校舍建筑面积指标，可根据实际墙厚增加；

2. 表中不含自行车存放面积。自行车的存放面积应按1m²/辆计，学校应根据实际情况报经主管部门审批后另行增加，并宜在建筑物内设半地下室解决。

中小学校建筑设计规范　GBJ 99—86

第2.2.1条　学校建筑用地的设计应符合下列规定：

一、学校的建筑容积率可根据其性质、建筑用地和建筑面积的多少确定。小学不宜大于0.8；中学不宜大于0.9；中师、幼师不宜大于0.7。

二、中师、幼师应有供全体学生住宿的宿舍用地。有住宿生的中学宜有部分学生住宿用地。

三、学校的自行车棚用地应根据城镇交通情况决定。

四、在采暖地区，当学校建在无城镇集中供热的地段时，应留有锅炉房、燃料、灰渣的堆放用地。

第2.2.3条 学校运动场地的设计应符合下列规定：

一、运动场地应能容纳全校学生同时做课间操之用。小学每学生不宜小于$2.3m^2$，中学每学生不宜小于$3.3m^2$。

二、学校田径运动场应符合表2.2.3的规定：

三、每六个班应有一个篮球场或排球场。

四、运动场地的长轴宜南北向布置，场地应为弹性地面。

五、有条件的学校宜设游泳池。

学校田径运动场尺寸　　　　　　表2.2.3

跑道类型	学校类型	小学	中学	师范学校	幼儿师范学校
跑道类型	环形跑道（m）	200	250~400	400	300
	直跑道长（m）	二组60	二组100	二组100	二组100

注：1. 中学学生人数在900人以下时，宜采用250m环形跑道；学生人数在1200~1500人时，宜采用300m环形跑道；

2. 直跑道每组按6条计算；

3. 位于是中心区的中小学校，因用地确有困难，跑道得设置可适当减少，但小学不应少于一组60m直跑道；中学不应少于一组100m直跑道。

第2.2.4条 学校绿化用地：中师、幼师不应小于每学生$2m^2$；中学不应小于每学生$1m^2$；小学不应小于每学生$0.5m^2$。

第5.2.1条 小学教学楼不应超过四层；中学、中师、幼师教学楼不应超过五层。

■ 选址与防护范围要求

中小学校建筑设计规范　GBJ 99—86

第2.1.1条 学校校址选择应符合下列规定：

一、校址应选择在阳光充足、空气流通、场地干燥、排水通畅、地势较高的地段。校内应有布置运动场的场地和提供设置给水排水及供电设施的条件。

二、学校宜设在无污染的地段。学校与各类污染源的距离应符合国家有关防护距离的规定。

三、学校主要教学用房的外墙面与铁路的距离不应小于300m；与机动车流量超过每小时270辆的道路同侧路边的距离不应小于80m，当小于80m时，必须采取有效的隔声措施。

四、学校不宜与市场、公共娱乐场所，医院太平间等不利于学生学习和身心健康以及危及学生安全的场所毗邻。

五、校区内不得有架空高压输电线穿过。

六、中学服务半径不宜大于1000m；小学服务半径不宜大于500m。走读小学生不应跨过城镇干道、公路及铁路。有学生宿舍的学校，不受此限制。[①]

城市普通中小学校校舍建设标准　建标［2002］102号

第八条　学校网点布局

一、城市普通中小学校网点布局应根据城市建设总体规划的要求，结合人口密度与人口分布，尤其是学龄人口数量及其增减的发展趋势，以及城市交通、环境等因素综合考虑，合理布点。新建住宅区内，要根据规划的居住人口及实际人口出生率，建设规模适宜的中小学校。城市普通中小学校网点布局应符合下列原则：①学生能就近走读入学；②学校应具有较好的规模效益和社会效益；③特殊情况特殊处理。

二、学校服务半径要根据学校规模、交通及学生住宿条件、方便学生就学等原则确定。中小学生不应跨越铁路干线、高速公路及车流量大、无立交设施的城市主干道上学。

第九条　校址选择

一、城市新建的普通中小学校，校址应选在交通方便、地势平坦开阔、空气清新、阳光充足、排水通畅、环境适宜、公用设施比较完善、远离污染源的地段。应避开高层建筑的阴影区、地震断裂带、山丘地区的滑坡段、悬崖边及崖底、河湾及泥石流地区、水坝泄洪区等不安全地带。架空高压输电线、高压电缆及通航河道等不得穿越校区。

二、学校不应与集贸市场、公共娱乐场所、医院传染病房、太平间、公安看守所等不利于学生学习和身心健康，以及危及学生安全的场所毗邻。

---

① 《城市居住区规划设计规范（2002年版）》GB 50180—93 附表A.0.3中有相同的规定。

盲学校

2.0.5 盲学校 school for the blind person
为视力残疾儿童、青少年实施特殊教育的机构。除与普通学校具有相同的教育任务外，还有补偿视力缺陷、培养生活自理能力和一定的劳动技能，为平等的参与社会竞争创造条件。(特殊教育学校建筑设计规范)

3.2 盲学校 school for the blind
为视力残疾儿童、青少年举办的由学前班、小学、初中及高中组成的进行文化教育和职业技能训练的教育机构。(盲学校建筑设计卫生标准)

■ 相关规范

名称	编号或文号	批准/发布部门	实施日期
盲学校建筑设计卫生标准	GB/T 18741—2002	国家质量监督检验检疫总局	2003年1月1日
特殊教育学校建筑设计规范	JGJ 76—2003	建设部 教育部	2004年3月1日
特殊教育学校建设标准（试行）	教计 [1994] 162号	建设部 教育部	1994年7月1日

■ 内部构成

特殊教育学校建设标准（试行） 教计 [1994] 162号

第二篇 盲学校建设标准
第三条 盲校用地应由建筑用地、体育活动用地、绿化用地和职业技术教育及勤工俭学用地等部分组成。
第九条 盲校校舍建筑由教学及教学辅助用房、行政用房及生活用房三部分组成。

特殊教育学校建筑设计规范 JGJ 76—2003

3.2.2 学校总平面设计，应按教学区、运动活动区、植物种植绿化区、康复训练及职业技术训练区、生活服务区等功能关系进行合理布置。

4.1.1 特殊教育学校校舍，根据学校的类型、规模、教学活动及其特殊要求和条件宜分别设置各类教学、生活训练、劳动技术、康复训练、行政办公及生活服务等用房。

■ 设置规定与建设标准

特殊教育学校建筑设计规范　JGJ 76—2003

3.2.5 运动场地应根据学校规模设置：9～12班时，应设置200m环形跑道及4～6股的100m直跑道的运动场；18～24班规模时，尚需增设1～2个球类场地。

3.2.6 康复训练及职业技术训练场地应包括：体能训练、盲学校定向行走训练、职业训练场地等，其场地用地面积应为 $4m^2$/人，但总用地面积不应小于$400m^2$。

3.2.8 学校绿地应包括校园绿地及植物种植园地等成片绿地，绿地率不应小于35%。

3.2.9 学校应作为向社区居民开放的残疾人康复、咨询指导中心。

3.2.10 总平面布置应预留一定面积的发展用地。

6.1.1① 学校各类用房使用面积指标不应低于表6.1.1的规定：

学校各类用房使用面积指标（m^2）　　　　表6.1.1

房间名称	盲学校②	聋学校	弱智学校
普通教室	54	54	52
语言教室	61	—	—
地理教室	61	—	—
微机教室	61	61	61
直观教室	61	—	—
音乐教室	40～60	—	—
实验室	61	55	61
手工教室	61	—	—
多功能活动室	120～180	120～180	120～180
语训教室	—	61	61
美术教室	—	55	61
科技活动室	—	19	—

---

① 学校各类用房面积较教计［1994］162号《特殊教育学校建设标准（试行）》有所增加；
② GB/T 18741—2002《盲学校建筑设计卫生标准》4.4.1中有相同规定。

续表

房间名称	盲学校	聋学校	弱智学校
律动教室	—	140	140
视听教室	—	61	61
音乐及唱游教室	—	—	61
生活与劳动	77	77	77
劳技教室	77	77	77
康复训练	77	77	77
体育康复训练教室	120	120	120
视力测验	19	—	—
听力测验	—	19	—
智商测验	—	—	19

注：1. 本表中盲学校按每班 14 人、聋学校每班 14 人、弱智学校每班 12 人计算；
　　2. 本标准不包括有关辅助用房的面积。

6.1.2　学生宿舍的使用面积，盲学校、弱智学校应按每床 6m² 计算，聋学校应按 3m² 计算。

6.2.1　教学及生活用房在无电梯情况下，盲学校学生用房不应设置在三层以上；聋学校学生用房不应设置在四层以上；弱智学生用房不应设置在二层以上。食堂、厨房、多功能活动室等用房宜为单层建筑。

特殊教育学校建设标准（试行）　教计[1994]162号

第二篇　盲校建设标准
第四条　建筑用地。
一、建筑用地包括建筑物占地面积、建筑物周围通道、房前屋后的零星绿地及建筑组群之间的小片活动场地。
二、学校建筑用地应按建筑容积率计算（即建筑面积与建筑用地面积之比）。盲校建筑容积率不宜大于 0.85。
第五条　体育活动场地
一、体育活动场地应包括体育课、课间操及课外体育活动使用的成片场地。
二、盲校体育活动场地宜设置适宜视力残疾学生使用的环形跑道和直跑道。除少部分做硬地外，大部分场地宜铺设草坪，并在适宜地方布置沙坑等适合视力残疾学生活动的体育设施和游戏场地。
三、盲校体育活动场地面积：九班不宜小于 3570m²，十八班不宜小于 5394m²。
第六条　绿化用地。包括校园专用绿地和生物科技园地等，每生不应小于 2m²。

盲校绿化用地内，严禁种植带刺或有毒的植物。

第七条　职业技术教育及勤工俭学用地。每生不应小于4m²。

第八条　盲校用地面积指标：

学校规模	平均每生用地面积（m²/生）	平均每班用地面积（m²/班）
九班	83	1160
十八班	67	940

第十三条　建筑面积指标

一、平面系数K值：教学办公楼的K值按58％计算，教工及学生宿舍的K值宜按56％计算，食堂厨房、传达室均宜按80％计算，活动室、杂物贮藏室等宜按85％计算。

二、盲校校舍建筑面积指标：

学校规模	平均每生建筑面积（m²/生）	平均每班建筑面积（m²/班）
九班	41.03	574
十八班	33.70	472

注：1. 上表建筑面积以墙厚240mm计算，寒冷和严寒地区学校的建筑面积指标，可根据实际墙厚增加建筑面积；

2. 办有学前班或职业技术班的学校，可参考上表中相近规模学校的指标增加建筑面积，并报主管部门批准后执行；

3. 需要设置取暖锅炉房的，其建筑面积可报请项目主管部门另行增加。

■ 选址与防护范围要求

特殊教育学校建筑设计规范　JGJ 76—2003

3.1[①]　校址选择

3.1.1　校址选择应从所在地区环境、校园周边环境及校园内部环境，综合分析确定。

3.1.2　学校所在地区环境应符合下列规定：

1. 校址选择应避免自然灾害的影响；

2. 校址应选择在卫生、无污染的地区，与各类污染源的距离，应符合国家有关防护距离的规定；

[①]《特殊教育学校建设标准（试行）》教计［1994］162号第二篇第一条、第三篇第一条、第四篇第一条有相似规定。

3. 学校应选择在交通较为便利、公用设施较为完备的地区。

3.1.3 学校校园周边环境应符合下列规定：

1. 学校应具有安静、安全、卫生又有利于学生生活与学习、健康成长的校园周边环境；

2. 盲学校、聋学校校界处的噪声允许标准：昼间不应超过60dB（A）、夜间不应超过45dB（A）；①

3. 学校宜邻近文教设施、医疗机构、福利机构及公园绿地等地段；不应与娱乐场所、集贸市场、医院的传染病房及太平间等为邻；

4. 学校周边应有便于安全通行及紧急疏散的校园外部道路，并应与城市道路相接；

5. 学校出入口不宜设在车辆通行量大的街道一侧或与车辆出入频繁的单位为邻；

6. 校园周边不应有无防护设施的河流、池沼、断崖及陡坡等地带。②

3.1.4 学校校园内部环境应符合下列规定：

1. 学校用地应有不少于学校规模所需的用地面积、适于建校的较为规整的地形与较为平坦的地貌；

2. 学校用地范围内应阳光充足、空气清新、通风良好、排水通畅；

3. 学校用地应有适于校舍建设与植物生长的土壤条件；

4. 校园用地不应有架空变压输电线及城市热力管等管线穿越校区。

---

① 《盲学校建筑设计卫生标准》GB/T 18741—2002 4.1.1.3 规定：校址应选择在远离噪声源的安静地区。

② 《盲学校建筑设计卫生标准》GB/T 18741—2002 4.1.1.2 有相似规定。

聋学校

2.0.11 聋学校 school for the deaf person

对有听力及语言残疾儿童、青少年进行特殊教育的机构。聋学校除与普通学校具有相同的教育任务外，还有弥补聋生听觉缺陷，使其身心正常发展的特殊任务。（特殊教育学校建筑设计规范）

■ 相关规范

名称	编号或文号	批准/发布部门	实施日期
特殊教育学校建筑设计规范	JGJ 76—2003	建设部 教育部	2004 年 3 月 1 日
特殊教育学校建设标准（试行）	教计 [1994] 162 号	建设部 教育部	1994 年 7 月 1 日

■ 内部构成

特殊教育学校建设标准（试行）　教计 [1994] 162 号

第三篇　聋校建设标准

第三条　聋校用地由建筑用地、体育活动用地、绿化用地及职业技术教育和勤工俭学用地等四部分组成。

特殊教育学校建筑设计规范　JGJ 76—2003

3.2.2　学校总平面设计，应按教学区、运动活动区、植物种植绿化区、康复训练及职业技术训练区、生活服务区等功能关系进行合理布置。

4.1.1　特殊教育学校校舍，根据学校的类型、规模、教学活动及其特殊要求和条件宜分别设置各类教学、生活训练、劳动技术、康复训练、行政办公及生活服务等用房。

■ 设置规定与建设标准

特殊教育学校建筑设计规范　JGJ 76—2003

（同盲学校规定）

特殊教育学校建设标准（试行） 教计 [1994] 162 号

第三篇 聋校建设标准

第四条 建筑用地。

一、建筑用地包括建筑物占地面积、建筑物周围通道、房前屋后零星绿地及建筑组群之间的小片活动场地。

二、聋校建筑用地应按建筑容积率计算（即建筑面积与建筑用地之比）。聋校的建筑容积率不宜大于0.85。

第五条 体育活动场地。

一、体育活动场地应包括体育课、课间操及课外体育活动使用的成片场地。

二、聋校的体育活动场地，除少部分做硬地外，大部分场地宜做成软场地，应布置小型环形跑道及篮排球场，并在适宜的地方布置沙坑等适合听力残疾儿童、少年活动的体育设施和游戏场地。

三、聋校体育活动用地面积：九班不宜小于5394m²，十八班不宜小于6034m²。

第六条 绿化用地。包括校园专用绿地和生物科技园地等。每生不应小于4m²。聋校绿化用地内，严禁种植带刺或有毒的植物。

第七条 职业技术教育及勤工俭学用地。每生不应小于4m²。

第八条 聋校用地面积指标：

学校规模	平均每生用地面积（m²/生）	平均每班用地面积（m²/班）
九班	88	1235
十八班	62	870

第九条 聋校校舍建筑由教学及教学辅助用房、行政办公用房及生活用房三部分组成。

第十三条 建筑面积指标

一、平面系数K值：教学办公楼的K值按62%计算，教职工及学生宿舍的K值宜按60%计算，食堂厨房、传达室均宜按80%计算，活动室、杂物贮藏室等宜按85%计算。

二、盲校校舍建筑面积指标：

学校规模	平均每生建筑面积（m²/生）	平均每班建筑面积（m²/班）
九班	31.80	445

续表

学校规模	平均每生建筑面积（m²/生）	平均每班建筑面积（m²/班）
十八班	25.70	360

注：1. 建筑面积以240mm墙厚计算，寒冷和严寒地区学校的建筑面积指标可根据实际墙厚增加建筑面积；
2. 办有学前班或职业技术班的学校，可参考上表中相近规模学校的指标增加建筑面积，并报主管部门批准后执行；
3. 需要设置取暖锅炉房的，其建筑面积可报请项目主管部门另行增加。

■ 选址与防护范围要求

（同盲学校规定）

弱智学校

2.0.17 弱智学校 school for the mental handicapped

为弱智儿童、青少年实施特殊教育的机构。从智力残疾儿童特点出发进行教学和训练，补偿其智力和适应行为缺陷，将他们培养成为能适应社会生活、自食其力的劳动者。(特殊教育学校建筑设计规范)

■ 相关规范

名称	编号或文号	批准/发布部门	实施日期
特殊教育学校建筑设计规范	JGJ 76—2003	建设部 教育部	2004年3月1日
特殊教育学校建设标准（试行）	教计 [1994] 162号	建设部 教育部	1994年7月1日

■ 内部构成

特殊教育学校建设标准（试行）　教计 [1994] 162号

第四篇　弱智学校建设标准

第三条　弱智学校用地应由建筑用地、体育活动用地、绿化用地、职业技术教育和勤工俭学用地四部分组成。

特殊教育学校建筑设计规范　JGJ 76—2003

3.2.2　学校总平面设计，应按教学区、运动活动区、植物种植绿化区、康复训练及职业技术训练区、生活服务区等功能关系进行合理布置。

4.1.1　特殊教育学校校舍，根据学校的类型、规模、教学活动及其特殊要求和条件宜分别设置各类教学、生活训练、劳动技术、康复训练、行政办公及生活服务等用房。

■ 设置规定与建设标准

特殊教育学校建筑设计规范　JGJ 76—2003

(同盲学校规定)

特殊教育学校建设标准（试行） 教计［1994］162号

第四篇 弱智学校建设标准

第四条 建筑用地。

一、建筑用地包括建筑物占地面积、建筑物周围通道、房前屋后的零星绿地及建筑组群之间的小片活动场地。

二、学校建筑用地应按建筑容积率计算（即建筑面积与建筑用地面积之比）。弱智学校的建筑容积率不宜大于0.85。

第五条 体育活动场地。

一、体育活动场地应包括体育课、课间操及课外体育活动使用的成片场地。

二、弱智学校体育活动场地除少部分做硬地外，大部分场地宜做成软场地，应布置环形跑道，并在适宜的地方布置沙坑等适合智力残疾儿童、少年活动的体育设施和游戏场地。

三、弱智学校体育活动用地面积：九班不宜小于3570m^2，十八班不宜小于5394m^2。

第六条 绿化用地。包括校园专用绿地和生物科技园地等。每生不应小于4m^2。弱智学校绿化用地内，严禁种植带刺或有毒的植物。

第七条 职业技术教育及勤工俭学用地每生不应小于4m^2。

第八条 弱智学校用地面积指标：

学校规模	平均每生用地面积（m^2/生）	平均每班用地面积（m^2/班）
九班	79	950
十八班	63	750

第九条 弱智学校校舍建筑由教学及教学辅助用房、行政办公用房三部分组成。

第十三条 建筑面积指标

一、平面系数K值：教学办公楼的K值按60%计算，教工及学生宿舍的K值宜按58%计算，食堂厨房、传达室均宜按80%计算，活动室、杂物贮藏室等宜按85%计算。

二、弱智学校校舍建筑面积指标：

学校规模	平均每生用地面积（m^2/生）	平均每班用地面积（m^2/班）
九班	30.79	370

续表

学校规模	平均每生用地面积（m²/生）	平均每班用地面积（m²/班）
十八班	24.22	291

注：1. 上表建筑面积以墙厚240mm计算，寒冷和严寒地区学校的建筑面积指标可根据实际墙厚增加建筑面积；
　　2. 办有学前班的学校，可参考上表中相近规模学校的指标增加建筑面积，并报主管部门批准执行；
　　3. 需要设置取暖锅炉房的，其建筑面积可报请项目主管部门另行增加。

■ 选址与防护范围要求

（同盲学校规定）

幼儿园、托儿所

■ **相关规范**

名称	编号或文号	批准/发布部门	实施日期
城市居住区规划设计规范（2002年版）	GB 50180—93	建设部	2002年4月1日
托儿所、幼儿园建筑设计规范（试行）	JGJ 39—87	城乡建设环境保护部 国家教育委员会	1987年12月1日
城市幼儿园建筑面积定额（试行）	(88) 教基字108号	国家教育委员会 建设部	1988年7月14日

■ **分类：**

托儿所、幼儿园建筑设计规范（试行）　JGJ 39—87

第1.0.3条　托儿所、幼儿园是对幼儿进行保育和教育的机构。接纳不足三周岁幼儿的为托儿所，接纳三至六周岁幼儿的为幼儿园。

一、幼儿园的规模（包括托、幼合建的）分为①：

大型：10个班至12个班。

中型：6个班至9个班。

小型：5个班以下。

二、单独的托儿所的规模以不超过5个班为宜。

三、托儿所、幼儿园每班人数：

1. 托儿所：乳儿班及托儿小、中班15~20人，托儿大班21~25人。

2. 幼儿园：小班20~25人，中班26~30人，大班31~35人。

---

① (88) 教基字108号《城市幼儿园建筑面积定额（试行）》第三条将城市幼儿园按规模分为6班、9班、12班三种。

■ 内部构成[①]

托儿所、幼儿园建筑设计规范（试行） JGJ 39—87

第3.1.2条 托儿所、幼儿园的生活用房必须按第3.2.1条、第3.3.1条的规定设置。服务、供应用房可按不同的规模进行设置。

一、生活用房包括活动室、寝室、乳儿室、配乳室、喂奶室、卫生间（包括厕所、盥洗、洗浴）、衣帽贮藏室、音体活动室等。全日制托儿所、幼儿园的活动室与寝室宜合并设置。

二、服务用房包括医务保健室、隔离室、晨检室、保育员值宿室、教职工办公室、会议室、值班室（包括收发室）及教职工厕所、浴室等。全日制托儿所、幼儿园不设保育员值宿室。

三、供应用房包括幼儿厨房、消毒室、烧水间、洗衣房及库房等。

■ 设置规定与建设标准

城市居住区规划设计规范 GB 50180—93

公共服务设施各项目的设置规定（节选）　　　　　附表 A.0.3

项目名称	服务内容	设置规定	每处一般规模	
			建筑面积（m^2）	用地面积（m^2）
(1) 托儿所	保教小于3周岁儿童	(1) 设于阳光充足，接近公共绿地，便于家长接送的地段； (2) 托儿所每班按25座计；幼儿园每班按30座计； (3) 服务半径不宜大于300m；层数不宜高于3层； (4) 三班和三班以下的托、幼园所，可混合设置，也可附设于其他建筑，但应有独立院落和出入口，四班和四班以上的托、幼园所均应独立设置	—	4班≥1200 6班≥1400 8班≥1600

[①] 《城市幼儿园建筑面积定额（试行）》(88) 教基字108号第五条～第八条对城市幼儿园的用房有相似规定。

续表

项目名称	服务内容	设置规定	每处一般规模	
			建筑面积（m²）	用地面积（m²）
（2）幼儿园	保教学龄前儿童	（5）八班和八班以上的托、幼园所，其用地应分别按每座不小于7m²或9m²计①； （6）托、幼建筑宜布置于可挡寒风的建筑物的背风面，但其主要房间应满足冬至日不小于2h的日照标准②； （7）活动场地应有不少于1/2的活动面积在标准的建筑日照阴影线之外	—	4班≥1500 6班≥2000 8班≥2400

城市幼儿园建筑面积定额（试行） （88）教基字108号

第九条 城市幼儿园园舍建筑面积定额

规模	园舍建筑面积（m²）	建筑面积定额（m²/生）
6班（180人）	1773	9.9
9班（270人）	2481	9.2
12班（360人）	3182	8.8

第十一条 建筑占地按主体园舍建筑为三层楼房，厨房、晨检、接待、传达室等为平房计算。建筑密度不宜大于30%。

第十二条 室外活动场地，包括分班活动场地和共用活动场地两部分。分班活动场地每生2m²；共用活动场地包括设置大型活动器械、嬉水池、砂坑以及30m长的直跑道等，每生2m²。

第十三条 绿化用地每生不小于2m²，有条件的幼儿园要结合活动场地铺设草坪，尽量扩大绿化面积。

第十五条 城市幼儿园用地面积定额

规模	用地面积（m²）	用地面积定额（m²/生）
6班	2700	15
9班	3780	14
12班	4860	13

---

① 《城市幼儿园建筑面积定额（试行）》（88）教基字108号第十五条规定了幼儿园的用地定额，比本规定高；
② 《托儿所、幼儿园建筑设计规范（试行）》JGJ 39—87第3.1.7条规定为3h。

托儿所、幼儿园建筑设计规范（试行） JGJ 39—87

第3.1.7条 托儿所、幼儿园的生活用房应布置在当地最好日照方位，并满足冬至日底层满窗日照不少于3h（小时）的要求，温暖地区、炎热地区的生活用房应避免朝西，否则应设遮阳设施。

■ 选址与防护范围要求

托儿所、幼儿园建筑设计规范（试行） JGJ 39—87

第2.1.2条 托儿所、幼儿园的基地选择应满足下列要求：
一、应远离各种污染源，并满足有关卫生防护标准的要求。
二、方便家长接送，避免交通干扰。
三、日照充足，场地干燥，排水通畅，环境优美或接近城市绿化地带。
四、能为建筑功能分区、出入口、室外游戏场地的布置提供必要条件。

儿童福利机构

■ 相关规范

名称	编号或文号	批准/发布部门	实施日期
城市公共设施规划规范	GB 50442—2008	建设部	2008年7月1日
儿童社会福利机构基本规范	MZ 010—2001	民政部	2001年3月1日
儿童福利机构设施建设指导意见（试行）	民发［2007］76号	民政部	2007年5月24日

■ 内部构成

儿童福利机构设施建设指导意见（试行）　民发［2007］76号

第八条　儿童福利机构设施建设内容应包括各类用房、装备及相关设施。

第九条　儿童福利机构房屋建筑包括生活养育、日常防疫、疾病治疗、康复训练、特殊教育、心理辅导、技能培训等功能性用房及辅助用房。

第十条　功能性用房应当符合下列要求：

（一）康复训练用房及设施功能：配置适合残疾儿童康复、治疗和活动的设施设备，为不能实施手术救治的残疾孤儿及手术后需要康复的儿童提供康复训练和治疗，为专业的康复技术服务提供载体。

（二）特殊教育用房及设施功能：对各类身心发展异常者提供特殊教育，主要对象是在视力、听力、语言、智力、心理等方面存在缺陷的残疾儿童，加强早期干预和特殊教育辅导，促进其生理、心理和性格的健康全面发展，完善人格，增强社会适应能力。

（三）技能培训用房及设施功能：对大龄儿童开展职业技能培训，提高其就业和自立自强的能力，增强其融入社会的适应性。

（四）社区支持中心用房及设施功能：利用自身残疾孤儿特殊教育和康复手段先进、专业化水平高的优势，积极向全市社区辐射，指导社区残疾儿童的康复训练和特殊教育，为残疾儿童家庭排忧解难，推进我国残疾儿童整体福利水平。

■ 设置规定与建设标准

城市公共设施规划规范　GB 50442—2008

9.0.4　儿童福利设施宜临近居住区选址，其规划用地指标应符合表9.0.4的规定。

儿童福利设施规划用地指标　　　　　　表9.0.4

规划类型	一般标准	较高标准	高标准
单项规划用地（hm²）	0.8~1.2	1.2~2	≥2

注：1. 一般标准指中小城市普通儿童福利设施；
　　2. 较高标准指大城市设施要求较高的儿童福利设施；
　　3. 高标准指SOS国际儿童村及其他有专项要求的儿童福利设施。

儿童福利机构设施建设指导意见（试行）　民发〔2007〕76号

第六条　儿童福利机构设施建设的规模应根据辖区孤残儿童数量及经济、地理、交通和服务半径等因素合理确定。

第七条　根据儿童福利机构实际服务覆盖地区人口数测算，原则上设定六个档次标准建设面积：

（一）100万人口以下的地级以上城市，标准建设面积2000m²左右，总床位数100张左右；

（二）100~200万人口的地级以上城市，标准建设面积3000m²左右，总床位数150张左右；

（三）200~300万人口的地级以上城市，标准建设面积4000m²左右，总床位数200张左右；

（四）300~400万人口的地级以上城市，标准建设面积5000m²左右，总床位数250张左右；

（五）400~500万人口的地级以上城市，标准建设面积6000m²左右，总床位数300张左右；

（六）500万人口以上的地级以上城市，标准建设面积8000m²左右，总床位数400张左右。

第十三条　儿童福利机构的建设应符合当地城市规划规定的建筑容积率、绿化率等指标规定。

第十四条　儿童室外活动场所面积不低于人均2m²。绿化面积达到60%。①

儿童社会福利机构基本规范　MZ 010—2001

5.1　儿童居室

5.1.1　分婴儿室和儿童室。人均居住面积不小于3m²。

■ 选址与防护范围要求

儿童福利机构设施建设指导意见（试行）　民发［2007］76号

第十一条　新建、迁建儿童福利机构的建设地点应选择交通便利、与工作联系较多的医疗等单位距离较近的位置；周边有一定的方便工作人员生活的公共服务设施；有利于良好养育、安全保卫，远离社会治安事故易发地区和易遭受洪水或地质灾害等威胁的地段。

建设地点选择还应避免设置在有污染的工业区和交通繁忙，噪声级较高的干道附近，不宜在城市中心地区的主干道上，不宜与大型、繁华的商业区、公共娱乐场所等毗邻，且不应设置在大型的居住区内。

第十二条　儿童福利机构的建设均应在满足使用功能的情况下节约用地，尽量不占或少占农田，且不宜占用地价昂贵的地带。

---

① 《儿童社会福利机构基本规范》MZ 010—2001　5.10规定：室外活动场所达到150m²，绿化面积达到60%。

流浪未成年人救助保护中心

■ 相关规范

名称	编号	批准/发布部门	实施日期
流浪未成年人救助保护中心建设标准	建标 111—2008	住房和城乡建设部 国家发展和改革委员会	2008 年 12 月 1 日

■ 内部构成

流浪未成年人救助保护中心建设标准　建标 111—2008

第十二条　流浪未成年人救助保护中心建设内容包括房屋建筑及建筑设备、场地和基本装备。

第十三条　流浪未成年人救助保护中心房屋建筑包括未成年人的入站登记、生活、教育、文体活动、医务用房；行政办公用房；工作人员生活用房及附属用房。流浪未成年人救助保护中心各类用房详见附录一。

第十五条　流浪未成年人救助保护中心场地应包括室外活动、绿化、停车、衣物晾晒等场地。

■ 设置规定与建设标准

流浪未成年人救助保护中心建设标准　建标 111—2008

第十一条　流浪未成年人救助保护中心的建设规模分类及其床位数划分应符合表 1 规定。

流浪未成年人救助保护中心规模分类表　　表1

类别	流动人口数（万人）	床位数（张）
一类	150～220	201～300
二类	75～150（不含）	101～200
三类	35～75（不含）	50～100

辖区流动人口数量超过 220 万的城市，可适当增加流浪未成年人救助保护中心的床位数量，并参照一类标准执行。

第十七条　流浪未成年人救助保护中心房屋建筑面积指标应以每床位所占房屋建筑面积确定。

第十八条　不同规模流浪未成年人救助保护中心房屋综合建筑面积指标为：一类不高于 $30m^2$/床、二类不高于 $33m^2$/床、三类不高于 $35m^2$/床，其中直接用于未成年人的各类功能用房（未成年人的入站登记、生活、教育、文体活动、医务用房）建筑面积所占比例不应低于总建筑面积 70%。

第十九条　流浪未成年人救助保护中心各类用房使用面积指标参照表 2 确定。

流浪未成年人救助保护中心用房使用面积指标表（m^2/床）　　表 2

用房类别		使用面积指标		
		一类	二类	三类
未成年人用房	入站登记用房	1.28	1.81	2.28
	生活用房	5.95	5.95	5.95
	教育用房	3.60	3.80	4.12
	文体活动用房	2.14	2.42	2.74
	医务用房	0.88	1.06	0.94
行政办公用房		1.64	1.84	1.98
工作人员生活用房		2.75	2.96	3.05
附属用房		1.24	1.64	1.73
合计		19.48	21.48	22.79

注：1. 各类用房使用系数平均按 0.65 计算；
　　2. 寒冷地区和严寒地区可在本表基础上分别增加 4% 和 6%。

第二十条　流浪未成年人救助保护中心的建设用地应根据实际需要和节约用地的原则，科学合理地确定。一、二、三类流浪未成年人救助保护中心室外活动场地面积应分别按不低于 $4.00m^2$/床、$4.50m^2$/床和 $5.50m^2$/床核定。

第二十三条　流浪未成年人救助保护中心应单独设置未成年人生活区，实行相对封闭式管理。未成年人生活区内应配套设置未成年人居住、教育、文体活动、医务等设施和部分工作人员用房。

第二十五条　未成年人生活区周界宜设置实体围墙或采用建筑围合方式封闭，围墙高度宜为 3.00m。

第二十六条　未成年人用房不宜超过 4 层。

■ 选址与防护范围要求

流浪未成年人救助保护中心建设标准 建标 111—2008

第二十一条 新建流浪未成年人救助保护中心的选址应符合城市发展规划，并满足下列要求：

一、工程地质和水文地质条件较好的地区；

二、交通便利，供电、给排水、通信等市政条件较好的城区或近郊区；

三、便于利用周边的生活、卫生、教育等社会公共服务设施。

老年公寓

2.0.2 老年公寓 Apartment for the Aged

专为老年人集中养老提供独立或半独立家庭形式的居住建筑。一般以栋为单位，具有相对完整的配套服务设施。（城镇老年人设施规划规范）

2.0.6 老年公寓 Apartment for the Aged

专供老年人集中居住，符合老年体能心态特征的公寓式老年住宅，具备餐饮、清洁卫生、文化娱乐、医疗保健服务体系，是综合管理的住宅类型。（老年人建筑设计规范）[①]

■ 相关规范

名称	编号或文号	批准/发布部门	实施日期
城镇老年人设施规划规范	GB 50437—2007	建设部	2008年6月1日
老年人居住建筑设计标准	GB 50340—2003	建设部	2003年9月1日
老年人建筑设计规范	JGJ 122—99	建设部 民政部	1999年10月1日
老年人社会福利机构基本规范	MZ 008—2001	民政部	2001年3月1日

■ 分类

老年人居住建筑设计标准　GB 50340—2003

3.1.1 老年人住宅和老年人公寓的规模可按表3.1.1划分。

老年人住宅和老年人公寓的规模划分标准　　表3.1.1

规模	人数	人均用地指标
小型	50人以下	80~100m²
中型	51~150人	90~100m²
大型	151~200人	95~105m²
特大型	201人以上	100~110m²

---

① 《老年人社会福利机构基本规范》MZ 008—2001 2.7 有相同定义。

■ 设置规定与建设标准

城镇老年人设施规划规范　GB 50437—2007

3.1.2　老年人设施分级配建应符合表3.1.2的规定。

老年人设施分级配建表　　表3.1.2

项目	市（地区）级	居住区（镇）级	小区级
老年公寓	▲	△	
养老院	▲	▲	
老人护理院	▲	▲	
老年学校（大学）	▲	△	
老年活动中心	▲	▲	▲
老人服务中心（站）		▲	▲
托老所		△	▲

注：1. 表中▲为应配建；△为宜配建；
　　2. 老年人设施配建项目可根据城镇社会发展进行适当调整；
　　3. 各级老年人设施配建数量、服务半径应根据各城镇的具体情况确定；
　　4. 居住区（镇）级以下的老年活动中心和老年服务中心（站），可合并设置。

3.2.1　老年人设施中养老院、老年公寓与老人护理院配置的总床位数量，应按1.5~3.0床位/百老人的指标计算。

3.2.2　老年人设施新建项目的配建规模、要求及指标，应符合表3.2.2-1和表3.2.2-2的规定，并纳入相关规划。

老年人设施配建规模、要求及指标（节选）　　表3.2.2-1

项目名称	基本配建内容	配建规模及要求	配建指标	
			建筑面积（m²/床）	用地面积（m²/床）
老年公寓	居家式生活起居，餐饮服务、文化娱乐、保健服务用房等	不应小于80床位	≥40	50~70

注：表中所列各级老年公寓、养老院、老人护理院的每床位建筑面积及用地面积均为综合指标，已包括服务设施的建筑面积及用地面积。

表3.2.2-2（详见规范原文）

3.2.3　城市旧城区老年人设施新建、扩建或改建项目的配建规模、要求应满足老年人设施基本功能的需要,其指标不应低于本规范表3.2.2-1和表3.2.2-2中相应指标的70%,并符合当地主管部门的有关规定。

5.1.3 老年人设施场地内建筑密度不应大于30%,容积率不宜大于0.8。建筑宜以低层或多层为主。

5.2.1 老年人设施场地坡度不应大于3%。

5.3.1 老年人设施场地范围内的绿地率：新建不应低于40%,扩建和改建不应低于35%。①

5.3.2 集中绿地面积应按每位老人不低于$2m^2$设置。

5.4.1 老年人设施应为老年人提供适当规模的休闲场地,包括活动场地及游憩空间,可结合居住区中心绿地设置,也可与相关设施合建。布局宜动静分区。

5.4.2 老年人游憩空间应选择在向阳避风处,并宜设置花廊、亭、榭、桌椅等设施。

5.4.3 老年人活动场地应有1/2的活动面积在标准的建筑日照阴影线以外,并应设置一定数量的适合老年人活动的设施。

5.4.5 集中活动场地附近应设置便于老年人使用的公共卫生间。

老年人居住建筑设计标准 GB 50340—2003

3.1.2 新建老年人住宅和老年人公寓的规模应以中型为主,特大型老年人住宅和老年人公寓宜与普通住宅、其他老年人设施及社区医疗中心、社区服务中心配套建设,实行综合开发。

3.1.3 老年人居住建筑的面积标准不应低于表3.1.3的规定。

老年人居住建筑的最低面积标准　　　　　　　　　　表3.1.3

类型	建筑面积（m^2/人）	类型	建筑面积（m^2/人）
老年人住宅	30	托老所	20
老年人公寓	40	护理院	25
养老院	25		

注：本栏目的面积指居住部分建筑面积,不包括公共配套服务设施的建筑面积。

■ 选址与防护范围要求

（同老年活动中心）

---

① 《老年人社会福利机构基本规范》MZ 008—2001 5.8规定：室外活动场所不得少于$150m^2$,绿化面积达到60%。

老人护理院

2.0.4 老人护理院 Nursing Home for the Aged

为无自理能力的老年人提供居住、医疗、保健、康复和护理的配套服务设施。(城镇老年人设施规划规范)①

■ 相关规范

名称	编号或文号	批准/发布部门	实施日期
城镇老年人设施规划规范	GB 50437—2007	建设部	2008年6月1日
城市居住区规划设计规范（2002年版）	GB 50180—93	建设部	2002年4月1日
老年人建筑设计规范	JGJ 122—99	建设部 民政部	1999年10月1日
老年人社会福利机构基本规范	MZ 008—2001	民政部	2001年3月1日

■ 分类

城镇老年人设施规划规范　GB 50437—2007

3.1.1 老年人设施按服务范围和所在地区性质分为市（地区）级、居住区（镇）级、小区级。

■ 设置规定与建设标准

城镇老年人设施规划规范　GB 50437—2007

3.1.2 老年人设施分级配建应符合表3.1.2的规定。

老年人设施分级配建表　　　表3.1.2

项目	市（地区）级	居住区（镇）级	小区级
老年公寓	▲	△	

---

① 《老年人社会福利机构基本规范》MZ 008—2001 2.9 称为护养院。

续表

项目	市（地区）级	居住区（镇）级	小区级
养老院	▲	▲	
老人护理院	▲		
老年学校（大学）	▲	△	
老年活动中心	▲	▲	▲
老年服务中心（站）		▲	▲
托老所		△	▲

注：1. 表中▲为应配建；△为宜配建；
2. 老年人设施配建项目可根据城镇社会发展进行适当调整；
3. 各级老年人设施配建数量、服务半径应根据各城镇的具体情况确定；
4. 居住区（镇）级以下的老年活动中心和老年服务中心（站），可合并设置。

3.2.1 老年人设施中养老院、老年公寓与老人护理院配置的总床位数量，应按 1.5~3.0 床位/百老人的指标计算。

3.2.2 老年人设施新建项目的配建规模、要求及指标，应符合表 3.2.2-1 和表 3.2.2-2 的规定，并应纳入相关规划。①

老年人设施配建规模、要求及指标（节选）　　　　表 3.2.2-1

项目名称	基本配建内容	配建规模及要求	配建指标	
			建筑面积（m²/床）	用地面积（m²/床）
老人护理院	生活护理、餐饮服务、医疗保健、康复用房等	不应小于 100 床位	≥35	45~60

注：表中所列各级老年公寓、养老院、老人护理院的每床位建筑面积及用地面积均为综合指标，已包括服务设施的建筑面积及用地面积。

表 3.2.2-2（详见规范原文）

3.2.3 城市旧城区老年人设施新建、扩建或改建项目的配建规模、要求应满足老年人设施基本功能的需要，其指标不应低于本规范表 3.2.2-1 和表 3.2.2-2 中相应指标的 70%，并应符合当地主管部门的有关规定。

5.1.3 老年人设施场地内建筑密度不应大于 30%，容积率不宜大于 0.8。建筑宜以低层或多层为主。

5.2.1 老年人设施场地坡度不应大于 3%。

---

① 《城市居住区规划设计规范（2002 年版）》GB 50180—93 附表 A.0.3 中的设置规定为：（1）最佳规模为 100~150 床位。（2）每床位建筑面积大于或等于 30m²。（3）可与社区卫生服务中心合设。每处建筑面积为 3000~4500m²。

5.3.1　老年人设施场地范围内的绿地率：新建不应低于40%，扩建和改建不应低于35%。①

5.3.2　集中绿地面积应按每位老人不低于$2m^2$设置。

5.4.1　老年人设施应为老年人提供适当规模的休闲场地，包括活动场地及游憩空间，可结合居住区中心绿地设置，也可与相关设施合建。布局宜动静分区。

5.4.2　老年人游憩空间应选择在向阳避风处，并宜设置花廊、亭、榭、桌椅等设施。

5.4.3　老年人活动场地应有1/2的活动面积在标准的建筑日照阴影线以外，并应设置一定数量的适合老年人活动的设施。

5.4.5　集中活动场地附近应设置便于老年人使用的公共卫生间。

■ 选址与防护范围要求

（同老年活动中心）

---

① 《老年人社会福利机构基本规范》MZ 008—2001 5.8 规定：室外活动场所不得少于$150m^2$，绿化面积达到60%。

托老所

2.0.8 托老所 Nursery for the Aged

为短期接待老年人托管服务的社区养老服务场所，设有起居生活、文化娱乐、医疗保健等多项服务设施，可分日托和全托两种。(城镇老年人设施规划规范)[①]

■ 相关规范

名称	编号或文号	批准/发布部门	实施日期
城镇老年人设施规划规范	GB 50437—2007	建设部	2008年6月1日
城市居住区规划设计规范（2002年版）	GB 50180—93	建设部	2002年4月1日
老年人建筑设计规范	JGJ 122—99	建设部 民政部	1999年10月1日
老年人社会福利机构基本规范	MZ 008—2001	民政部	2001年3月1日

■ 分类

城镇老年人设施规划规范　GB 50437—2007

3.1.1 老年人设施按服务范围和所在地区性质分为市（地区）级、居住区（镇）级、小区级。

■ 设置规定与建设标准

城镇老年人设施规划规范　GB 50437—2007

3.1.2 老年人设施分级配建应符合表3.1.2的规定。

---

① 《老年人建筑设计规范》JGJ 122—99 2.0.8、《老年人社会福利机构基本规范》MZ 008—2001 2.11有相同定义。《老年人社会福利机构基本规范》MZ 008—2001 将其分为日托、全托、临时托等。

老年人设施分级配建表　　　　　　　　　　　　　　　表 3.1.2

项　目	市（地区）级	居住区（镇）级	小区级
老年公寓	▲	△	
养老院	▲	▲	
老人护理院	▲		
老年学校（大学）	▲	△	
老年活动中心	▲		▲
老年服务中心（站）		▲	▲
托老所		△	▲

注：1. 表中▲为应配建；△为宜配建；
　　2. 老年人设施配建项目可根据城镇社会发展进行适当调整；
　　3. 各级老年人设施配建数量、服务半径应根据各城镇的具体情况确定；
　　4. 居住区（镇）级以下的老年活动中心和老年服务中心（站），可合并设置。

3.2.2 老年人设施新建项目的配建规模、要求及指标，应符合表 3.2.2-1 和表 3.2.2-2 的规定，并纳入相关规划。①

老年人设施配建规模、要求及指标（节选）　　　　　表 3.2.2-2

项目名称	基本配建内容	配建规模及要求	配建指标	
			建筑面积（m²/处）	用地面积（m²/处）
托老所	休息室、活动室、保健室、餐饮服务用房等	(1) 不应小于 10 床位，每床建筑面积不应小于 20m²；(2) 应与老年服务站合并设置	≥300	—

注：表中所列各级老年公寓、养老院、老人护理院的每床位建筑面积及用地面积均为综合指标，已包括服务设施的建筑面积及用地面积。

表 3.2.2-2（详见规范原文）

3.2.3 城市旧城区老年人设施新建、扩建或改建项目的配建规模、要求应满足老年人设施基本功能的需要，其指标不应低于本规范表 3.2.2-1 和表 3.2.2-2 中相应指标的 70%，并符合当地主管部门的有关规定。

5.1.3 老年人设施场地内建筑密度不应大于 30%，容积率不宜大于 0.8。建筑宜以低层或多层为主。

---

① 《城市居住区规划设计规范（2002 年版）》GB 50180—93 附表 A.0.3 中的设置规定为：1. 一般规模 30～50 床位。2. 每床位建筑面积 20m²。3. 宜靠近集中绿地安排，可与老年活动中心合并设置。

5.2.1　老年人设施场地坡度不应大于3%。

5.3.1　老年人设施场地范围内的绿地率：新建不应低于40%，扩建和改建不应低于35%。[①]

5.3.2　集中绿地面积应按每位老人不低于$2m^2$设置。

5.4.1　老年人设施应为老年人提供适当规模的休闲场地，包括活动场地及游憩空间，可结合居住区中心绿地设置，也可与相关设施合建。布局宜动静分区。

5.4.2　老年人游憩空间应选择在向阳避风处，并宜设置花廊、亭、榭、桌椅等设施。

5.4.3　老年人活动场地应有1/2的活动面积在标准的建筑日照阴影线以外，并应设置一定数量的适合老年人活动的设施。

5.4.5　集中活动场地附近应设置便于老年人使用的公共卫生间。

■ 选址与防护范围要求

（同老年活动中心）

---

① 《老年人社会福利机构基本规范》MZ 008—2001 5.8规定：室外活动场所不得少于$150m^2$，绿化面积达到60%。

养老院

养老院 Home for the Aged
专为接待老年人安度晚年而设置的社会养老服务机构，设有起居生活、文化娱乐、医疗保健等多项服务设施。养老院包括社会福利院的老人部、护老院、护养院。(城镇老年人设施规划规范)①

■ 相关规范

名称	编号或文号	批准/发布部门	实施日期
城镇老年人设施规划规范	GB 50437—2007	建设部	2008年6月1日
城市居住区规划设计规范（2002年版）	GB 50180—93	建设部	2002年4月1日
老年人建筑设计规范	JGJ 122—99	建设部 民政部	1999年10月1日
老年人社会福利机构基本规范	MZ 008—2001	民政部	2001年3月1日

■ 分类

城镇老年人设施规划规范　GB 50437—2007

3.1.1　老年人设施按服务范围和所在地区性质分为市（地区）级、居住区（镇）级、小区级。

■ 设置规定与建设标准

城镇老年人设施规划规范　GB 50437—2007

3.1.2　老年人设施分级配建应符合表3.1.2的规定。

---

① 《老年人建筑设计规范》JGJ 122—99 2.0.7、《老年人社会福利机构基本规范》MZ 008—2001 2.6 有相同定义。

老年人设施分级配建表　　　　　　　　　　　　　表 3.1.2

项　目	市（地区）级	居住区（镇）级	小区级
老年公寓	▲	△	
养老院	▲	▲	
老人护理院	▲		
老年学校（大学）	▲	△	
老年活动中心		▲	▲
老年服务中心（站）		▲	▲
托老所		△	▲

注：1. 表中▲为应配建；△为宜配建；
　　2. 老年人设施配建项目可根据城镇社会发展进行适当调整；
　　3. 各级老年人设施配建数量、服务半径应根据各城镇的具体情况确定；
　　4. 居住区（镇）级以下的老年活动中心和老年服务中心（站），可合并设置。

3.2.1　老年人设施中养老院、老年公寓与老人护理院配置的总床位数量，应按 1.5~3.0 床位/百老人的指标计算。

3.2.2　老年人设施新建项目的配建规模、要求及指标，应符合表 3.2.2-1 和表 3.2.2-2 的规定，并纳入相关规划。①

老年人设施配建规模、要求及指标（节选）　　　　表 3.2.2-1

项目名称	基本配建内容	配建规模及要求	配建指标	
			建筑面积（m²/床）	用地面积（m²/床）
市（地区）级养老院	生活起居、餐饮服务、文化娱乐、医疗保健、健身用房及室外活动场地等	不应小于150床位	≥35	45~60
居住区（镇）级养老院	生活起居、餐饮服务、文化娱乐、医疗保健用房及室外活动场地等	不应小于30床位	≥30	40~50

注：表中所列各级老年公寓、养老院、老人护理院的每床位建筑面积及用地面积均为综合指标，已包括服务设施的建筑面积及用地面积。

表 3.2.2-2（详见规范原文）

3.2.3　城市旧城区老年人设施新建、扩建或改建项目的配建规模、要求应满足

---

① 《城市居住区规划设计规范（2002年版）》GB 50180—93 附表 A.0.3 中的设置规定为：1. 一般规模为 150~200 床位。2. 每床位建筑面积大于或等于 40m²。

老年人设施基本功能的需要,其指标不应低于本规范表 3.2.2-1 和表 3.2.2-2 中相应指标的 70%,并应符合当地主管部门的有关规定。

  5.1.3 老年人设施场地内建筑密度不应大于 30%,容积率不宜大于 0.8。建筑宜以低层或多层为主。

  5.2.1 老年人设施场地坡度不应大于 3%。

  5.3.1 老年人设施场地范围内的绿地率:新建不应低于 40%,扩建和改建不应低于 35%。[①]

  5.3.2 集中绿地面积应按每位老人不低于 $2m^2$ 设置。

  5.4.1 老年人设施应为老年人提供适当规模的休闲场地,包括活动场地及游憩空间,可结合居住区中心绿地设置,也可与相关设施合建。布局宜动静分区。

  5.4.2 老年人游憩空间应选择在向阳避风处,并宜设置花廊、亭、榭、桌椅等设施。

  5.4.3 老年人活动场地应有 1/2 的活动面积在标准的建筑日照阴影线以外,并应设置一定数量的适合老年人活动的设施。

  5.4.5 集中活动场地附近应设置便于老年人使用的公共卫生间。

■ 选址与防护范围要求

  (同老年活动中心)

[①]《老年人社会福利机构基本规范》MZ 008—2001 5.8 规定:室外活动场所不得少于 $150m^2$,绿化面积达到 60%。

老年服务中心

2.0.7 老年服务中心（站）Station of Service for the Aged

为老年人提供各种综合性服务的社区服务机构和场所。(城镇老年人设施规划规范)①

■ 相关规范

名称	编号或文号	批准/发布部门	实施日期
城镇老年人设施规划规范	GB 50437—2007	建设部	2008年6月1日
老年人建筑设计规范	JGJ 122—99	建设部 民政部	1999年10月1日
老年人社会福利机构基本规范	MZ 008—2001	民政部	2001年3月1日

■ 分类

城镇老年人设施规划规范　GB 50437—2007

3.1.1 老年人设施按服务范围和所在地区性质分为市（地区）级、居住区（镇）级、小区级。

■ 设置规定与建设标准

城镇老年人设施规划规范　GB 50437—2007

3.1.2 老年人设施分级配建应符合表3.1.2的规定。

老年人设施分级配建表　　　　表3.1.2

项目	市（地区）级	居住区（镇）级	小区级
老年公寓	▲	△	

---

① 《老年人社会福利机构基本规范》MZ 008—2001 2.12 有相同定义。并指出：设有文化娱乐、康复训练、医疗保健等多项或单项服务设施和上门服务项目。

续表

项　目	市（地区）级	居住区（镇）级	小区级
养老院	▲	▲	
老人护理院	▲		
老年学校（大学）	▲	△	
老年活动中心	▲	▲	▲
老年服务中心（站）		▲	▲
托老所		△	▲

注：1. 表中▲为应配建；△为宜配建；
　　2. 老年人设施配建项目可根据城镇社会发展进行适当调整；
　　3. 各级老年人设施配建数量、服务半径应根据各城镇的具体情况确定；
　　4. 居住区（镇）级以下的老年活动中心和老年服务中心（站），可合并设置。

3.2.2 老年人设施新建项目的配建规模、要求及指标，应符合表3.2.2-1和表3.2.2-2的规定，并纳入相关规划。

表3.2.2-1（详见规范原文）

老年人设施配建规模、要求及指标（节选）　　　表3.2.2-2

项目名称	基本配建内容	配建规模及要求	配建指标	
			建筑面积（m²/处）	用地面积（m²/处）
居住区（镇）级老年服务中心	活动室、保健室、紧急援助、法律援助、专业服务等	镇老人服务中心应附设不小于50床位的养老设施；增加建筑面积应按每床建筑面积不小于35m²、每床用地面积不小于50m²另行计算	≥200	≥400
小区级老年服务站	活动室、保健室、家政服务用房等	服务半径应小于500m	≥150	—

注：表中所列各级老年公寓、养老院、老人护理院的每床位建筑面积及用地面积均为综合指标，已包括服务设施的建筑面积及用地面积。

3.2.3 城市旧城区老年人设施新建、扩建或改建项目的配建规模、要求应满足老年人设施基本功能的需要，其指标不应低于本规范表3.2.2-1和表3.2.2-2中相应指标的70%，并应符合当地主管部门的有关规定。

5.1.3 老年人设施场地内建筑密度不应大于30%，容积率不宜大于0.8。建筑宜以低层或多层为主。

5.2.1 老年人设施场地坡度不应大于3%。

5.3.1 老年人设施场地范围内的绿地率：新建不应低于40%，扩建和改建不应低于35%。①

5.3.2 集中绿地面积应按每位老人不低于2m² 设置。

5.4.1 老年人设施应为老年人提供适当规模的休闲场地，包括活动场地及游憩空间，可结合居住区中心绿地设置，也可与相关设施合建。布局宜动静分区。

5.4.2 老年人游憩空间应选择在向阳避风处，并宜设置花廊、亭、榭、桌椅等设施。

5.4.3 老年人活动场地应有1/2的活动面积在标准的建筑日照阴影线以外，并应设置一定数量的适合老年人活动的设施。

5.4.5 集中活动场地附近应设置便于老年人使用的公共卫生间。

■ 选址与防护范围要求

（同老年活动中心）

---

① 《老年人社会福利机构基本规范》MZ 008—2001 5.8 规定：室外活动场所不得少于150 平方米，绿化面积达到60%。

残疾人康复中心

残疾人康复中心是公益性事业单位，是为残疾人提供康复医疗、教育、职业、社会等康复服务的综合性康复机构和技术资源中心，承担着康复训练与服务、康复技术人才培养、社区康复服务指导、康复信息咨询服务、康复知识宣传普及、康复研究和残疾预防等工作。（残疾人康复中心建设标准）

■ 相关规范

名称	编号或文号	批准/发布部门	实施日期
残疾人康复中心建设标准	残联发〔2006〕43号	中国残疾人联合会	2006年11月22日

■ 设置规定与建设标准

残疾人康复中心建设标准　残联发〔2006〕43号

二、分级标准

残疾人康复中心按照建设规模、人员配置、业务部门设置、技术水平分为一级、二级、三级。

一级残疾人康复中心：

（一）建筑面积不少于2000m^2。

（二）康复床位不少于20张（养护床位）。

（三）人员配置

职工总数与床位比为1:12，财政补贴事业编制职工不少于24人，业务人员不低于职工总数的80%。至少配备1名康复医师、2名康复治疗人员（指从事运动治疗、作业治疗人员）和2名特教教师。

（四）业务部门设置

1. 康复门诊部：设有儿童康复门诊、功能测评室、康复咨询室。（须取得医疗机构执业许可）

2. 肢体残疾儿童康复科：设有康复训练室（PT、OT）、引导式教育训练室。

3. 智力残疾儿童康复科：设有感统训练室、游戏活动室、生活辅导室、个训室。

4. 社区康复指导部：设有培训教室。

5. 有条件的可设孤独症儿童康复科室。

二级残疾人康复中心：

（一）建筑面积3000m²。

（二）康复床位不少于50张（包括养护和治疗床位，其中治疗床位须经卫生行政部门审批）。

（三）人员配置

职工总数与床位比为1:12，财政补贴事业编制职工不少于60人，业务人员不低于职工总数的75%，专业技术职务设置符合国家及行业要求。每10~15张训练床位配1名康复医师，每10张训练床位配备1名康复治疗人员（指从事运动治疗、作业治疗、语言治疗和传统康复治疗人员）、3名康复护理人员。配眼科技术人员、假肢与矫形器技师各1名，特教教师不少于2名。

（四）业务部门设置在一级基础上设：

1. 康复门诊部：设有各科康复门诊、功能评定室、化验室、放射科、心电图室、脑电图室、理疗室、药房等。

2. 肢体康复科：设有运动疗法、作业疗法室。

3. 低视力康复科。

4. 康复工程部：可利用各级辅助器具中心资源，协作开展辅助器具服务。

三级残疾人康复中心：

（一）建筑面积5000m²以上。

（二）康复床位100张以上。

（三）人员配置

职工总数与床位比为1:12~15。财政补贴事业编制职工不少于120人，专业技术职务设置符合国家及行业要求，业务人员不低于职工总数的70%。康复医师、康复治疗人员、康复护理人员、眼科技术人员、假肢与矫形器技师、特教教师配置原则上同二级；根据业务开展情况配备职业和社会康复工作人员。

（四）业务部门设置

在二级基础上设：

1. 增设职业、社会康复室、心理科。

2. 功能评定科。

3. 分设偏瘫、截瘫、骨科等科室。

4. 分设康复训练科（运动疗法科、作业疗法科、语言治疗科）。

5. 增设手术科室（如矫形外科、眼科等）。

拘留所

■ 相关规范

名称	编号或文号	批准/发布部门	实施日期
拘留所建设标准	建标〔2008〕50号	建设部 国家发展和改革委员会	2008年7月1日

■ 分类

拘留所建设标准 建标〔2008〕50号

第十一条 拘留所建设的规模分为四类：

特大型拘留所，日均在所被拘留人数300人以上；

大型拘留所，日均在所被拘留人数150人以上不足300人；

中型拘留所，日均在所被拘留人数50人以上不足150人；

小型拘留所，日均在所被拘留人数不足50人。

■ 内部构成

拘留所建设标准 建标〔2008〕50号

第十二条 拘留所建设项目应包括房屋建筑和场地两个部分。

第十三条 拘留所房屋建筑由拘室和教育、医疗、文体、劳动、行政管理、生活保障等功能用房和附属用房组成。

拘留所各类用房详见附录（附录详见原标准）。

第十四条 拘留所场地建设包括体能锻炼、车辆停放、绿化以及劳动等场地。

■ 设置规定与建设标准

拘留所建设标准 建标〔2008〕50号

第九条 拘留所建设规模以设定拘押人数为依据确定。应综合考虑人口数、地理位置、交通条件、经济发展水平以及治安状况等因素。

第十条 拘留所建设规模及方案，向省级公安机关报告后，按照政府投资项目审批权限履行审批程序。

第二十条 拘留所各类用房建筑面积应以设定的拘押人数乘以指标数确定。

第二十一条 拘留所人均综合建筑面积指标应分别为小型所25m^2、中型所24.46m^2、大型所22.73m^2、特大型所21.39m^2。其中直接用于被拘留人员的拘室、教育、文体、医疗、生活、劳动及家属会见等用房，每人应不低于16m^2。

寒冷和严寒地区可在规定指标基础上增加4%~6%。

经济发达地区可根据近3~5年的拘押人数增长率，经过专门报告批准适当增加建筑面积。

第二十三条 拘留所建设用地，在保证各项使用功能的前提下，坚持科学节约用地的原则，提高土地利用率。

第二十四条 拘留所建设用地包括建筑基地、体能训练活动场地和公务车辆停放场地三部分。其中建筑基地（含安全隔离、交通道路等）单层覆盖率为33%，容积率0.3；低层和多层覆盖率为25%~27%，容积率为0.8~1.2。体能训练活动场地按拘押人数每人6~10m^2计算。小型、中型、大型和特大型所公务车辆停放场地分别按9、12、15辆和18辆计算，每车位为25~30m^2。

种植、养殖业等劳动用地未计算在内，可根据实际需要和可能另行报批。

■ 选址与防护范围要求

拘留所建设标准 建标〔2008〕50号

第十五条 新建拘留所的选址应符合以下条件：

一、符合城市建设规划的布局要求，有较好的交通、供电、给排水、通信等基础设施条件；

二、避开人口密集区及对公共安全有特殊要求的地区；

三、避开可能发生地质灾害且足以危及安全的地区；

四、与各种污染源、易燃易爆危险品仓库、高压走廊和无线电干扰的距离符合国家有关防护距离的规定。

看守所

2.0.1 看守所 detention house

羁押依法被逮捕、刑事拘留的犯罪嫌疑人、被告人和留所服刑罪犯（以下统称在押人员）的机关。（看守所建筑设计规范）

■ 相关规范

名称	编号或文号	批准/发布部门	实施日期
看守所建筑设计规范	JGJ 127—2000	建设部 公安部	2000年8月1日
看守所建设标准	建标〔2002〕245号	建设部 国家发展和改革委员会	2002年10月24日

■ 分类

看守所建设标准　建标〔2002〕245号

第十条　看守所建设规模，按设计关押容量分为特大型看守所、大型看守所、中型看守所和小型看守所四类。

（一）特大型看守所设计容量1000人以上（含1000人）；

（二）大型看守所设计容量500人至999人；

（三）中型看守所设计容量100人至499人；

（四）小型看守所设计容量不足100人。

■ 内部构成

看守所建设标准　建标〔2002〕245号

第十一条　看守所建设的工程项目由房屋建筑、场地和警戒设施及装备构成。

第十二条[①]　看守所房屋建筑包括在押人员用房、民警用房、武警用房以及附属

---

① 《看守所建筑设计规范》JGJ 127—2000 3.2.1 分为监区、行政办公区、留所服刑罪犯劳动区和武警营房区。

用房四类。

第十三条 在押人员用房包括监室、禁闭室、卫生间、物品储藏室、图书阅览室、医务室、浴室、伙房等生活用房，留所服刑罪犯劳动用房、活动室、餐厅、教室以及在押人员家属会见室。

第十四条 民警用房包括狱政管理用房、特殊业务用房、行政办公用房、民警生活用房等。狱政管理用房包括监区内看守值班室、提讯接待室、管教办公室、谈话室、收押检查室、在押人员财物保管室；特殊业务用房含讯问室、律师会见室、通讯室、电教室、警械武器库、专业技术用房；行政办公用房含所领导办公室、文印室、档案室、职能部门办公室、驻所检察室、接待室、会议室等；民警生活用房含备勤宿舍、食堂、民警文娱图书室等。

第十五条 民警用房包括营房、值勤工作用房。营房包括办公室、会议室（含荣誉室）、学习室、文娱生活室、集体宿舍、军械室、探亲招待、仓库、食堂、浴室、医务室等，值勤工作用房包括哨兵室、勤务值班室等。

第十六条 附属用房包括变配电室、生活用品供应室、传达室、车库、仓库、公用卫生间、综合修理间、民警及职工浴室、生活用品供应室、锅炉房及其他设备用房等。

第十七条 看守所场地建设包括停车场、武警训练场地、民警文体活动场地、集中绿化场地等。

第十八条 看守所警戒设施包括围墙、岗楼、电网、大门；装备包括交通、通信、信息技防、电教、警械、武器、防暴、防护、应急照明、医疗、厨房设备以及相应的综合布线；水、电、汽、暖、消防设施等。

■ 设置规定与建设标准

看守所建设标准 建标〔2002〕245号

第八条 看守所建设规模应按刑事犯罪嫌疑人、被告人以及留所服刑罪犯的羁押人数进行测定。

第九条 看守所建设规模的确定，应按立足现实、适度超前的原则，根据刑事案件管辖区人口数、政治、地理条件、刑事发案率以及发展规划等因素论证确定，并由主管公安机关申报当地政府同意后报请省级公安机关核准。

第十九条 看守所各类用房建筑面积应以设计的关押容量乘以指标数加以确定。表1、表2、表3、表4所列指标为低限；直辖市、沿海城市及其他经济发达地区可根据需要增加面积指标，但不应超出35%；有特殊需要的，需另行报批。

第二十条 在押人员用房、民警用房、武警用房和附属用房的建筑面积应符合表1的规定。

看守所房屋总建筑面积表（m²/在押人员）　　　　　表1

	200人	300人	400人	500人	600人	700人	800人	900人	1000人
在押人员用房	10.00	9.94	9.88	9.96	9.90	9.85	9.79	9.74	9.69
民警用房	8.34	8.12	8.07	8.02	7.97	7.93	7.89	7.85	7.81
武警用房	4.00	2.75	2.13	1.75	1.50	1.32	1.19	1.08	1.00
附属用房	2.00	1.83	1.55	1.52	1.30	1.28	1.28	1.08	1.07
合计	24.34	22.65	21.63	21.25	20.25	20.67	20.38	20.15	19.75

注：1. 位于采暖地区的看守所各项建筑面积可在本表的基础上增加4%~6%；
　　2. 除监室外其余用房面积指标按容量200人以下的按200人计；1000人以上的按1000人计。

第二十四条　看守所停车场面积，按小型所不小于5辆车位，中型所不少于10辆车位，大型所和特大型所不少于20辆车位确定，并可建于地下室和半地下室。

第二十五条　看守所民警文体活动场地应按看守所规模确定，大型以上的看守所，应设置健身房或室内活动室；武警训练场地应按武警总部现行标准执行。

第三十一条　看守所用地包括建筑用地、训练活动用地（含民警体能训练用地）、停车场用地和绿化用地。在满足看守所安全和管理等各项功能的前提下、坚持科学、节约的原则，统一的规划，合理使用。

第三十二条　看守所用地符合表5的规定。

看守所用地面积表（m²/在押人员）　　　　　表5

	200人	300人	400人	500人	600人	700人	800人	900人	1000人
建筑用地	48.27	44.21	42.48	41.41	40.40	39.57	38.98	38.41	37.96
训练用地	7.08	6.00	5.00	5.00	4.17	3.51	3.13	2.78	2.50
停车场用地	1.70	1.50	1.40	1.30	1.30	1.30	1.30	1.30	1.30
合计	57.05	51.71	48.88	47.71	45.87	44.44	43.41	42.49	41.76

注：1. 建筑用地中在押人员用房、民警管理房和附属用房以单层计算，建筑覆盖率为33%；
　　2. 其余用房以2.5层计算，建筑覆盖率为27%。

■ 选址与防护范围要求

看守所建设标准　建标［2002］245号

第二十六条[①]　新建、迁建看守所选址应符合下列要求：

---

① 《看守所建筑设计规范》JGJ 127—2000 3.1.1 有相同规定。

水电、交通、通信便利、地势较高和水文地质条件满足要害部位要求；

与各种污染、易燃易爆危险品、高噪声、高压电线和无线电干扰的距离符合国家有关防护距离的规定；

避开高层建筑、繁华商业区、居民稠密区及外事活动场所。

第二十七条　看守所外围隔离带应按国家现行有关规定设置。

监 狱

■ 相关规范

名称	编号或文号	批准/发布部门	实施日期
监狱建设标准	建标〔2002〕258号	建设部 国家发展和改革委员会	2003年2月1日

■ 分类

监狱建设标准　建标〔2002〕258号

第八条　监狱建设规模按罪犯人数，划分为大、中、小三种类型。

第九条　监狱建设规模应以罪犯人数在1000～5000人为宜，不同建设规模监狱人数应符合下列规定：

小型监狱1000～2000人；

中型监狱2001～3000人；

大型监狱3001～5000人。

■ 内部构成

监狱建设标准　建标〔2002〕258号

第十条　监狱建设项目由房屋建筑、安全警戒设备、场地及配套设施构成。

第十一条　监狱房屋建筑部分包括：罪犯用房、干警用房、武警用房及其他附属用房。

1. 罪犯用房包括：监舍楼、学习用房、禁闭室、家属会见室、伙房和餐厅、医院和医务室、文体活动用房、技能培训用房、劳动改造用房及其他服务用房等。

监舍楼包括寝室、盥洗室、厕所、物品储藏室、心理咨询室等；学习用房包括图书阅览用房、教学用房等；文体活动用房包括文体活动室、礼堂等；其他服务用房包括理发室、浴室、晾衣房等。

2. 干警用房包括：干警办公用房、公共用房、特殊业务用房、干警管理用房、干警备勤用房、干警学习及训练用房。

干警办公用房包括监狱领导及职能部门办公室；公共用房包括会议室、干警文体活动室、干警食堂、干警浴室、干警医务所、老干部活动室等；特殊业务用房包括警械装备库、总监控室、电化教育室、罪犯档案室、计算机室、暗室、器材存放室、检察院驻狱办公室等；干警管理用房包括监区、分监区干警值班室（监控室）、分监区教育谈话室、分监区干警办公室及干警卫生间。

3. 武警用房建设项目及标准应按有关规定执行。

4. 其他附属用房包括：收发值班室、门卫接待室、车库、仓库、配电室、水泵房等。

第十二条 监狱安全警戒设备包括：大门、围墙、岗楼、电网、照明、通信、监控、报警装置、狱门值班室、隔离带等。

第十三条 监狱的场地主要包括干警及武警训练场、监狱停车场及犯罪体训场。

第十四条 配套设施主要包括干警办公设施，罪犯生活教育、劳动改造设施，道路系统，消防、给排水、供暖、变配电、电信、燃气、有线电视、环保等以及场地绿化、美化。

■ 设置规定与建设标准

监狱建设标准　建标［2002］258 号

第六条 本标准确定的参数是监狱建设的下限值，经济技术条件较好的地区可按本标准参数提高 30% 作为上限。

第十六条 监狱建设用地应根据批准的建设计划，坚持科学合理、节约用地的原则，统一规划，合理布局。新建监狱建设用地标准宜按每罪犯 70m² 测算，从事农业劳动的监狱建设用地标准可按实际情况确定。

第十七条 监狱的总平面布局应分为犯罪生活区、犯罪劳动改造区、干警行政办公区、干警生活区、武警营房区等分区；各分区之间既应相邻，又应有相应的隔离设施；犯罪生活区和犯罪劳动改造区在隔离的基础上应有通道相连。

第二十二条 新建监狱绿地率不宜小于 20%，扩建和改建监狱绿地率不宜小于 15%。

第二十三条 监狱的建筑标准，应根据监狱建设规模、城市和监狱使用功能的要求合理确定。

第二十四条 监狱综合建筑面积指标（不含武警用房），应符合表 1 的规定。

监狱综合建筑面积指标　　　　　　　　表1

用房类别	建设规模			备注
	大	中	小	
监狱犯罪用房（m²/犯罪）	20.56	20.75	20.99	
监狱干警用房（m²/干警）	30.80	31.91	33.02	
其他附属用房（m²/干警）	2.40	2.63	3.24	

第二十六条　监狱建设总体规划时，应根据具体情况，在监区外建设干警备勤用房。

第二十七条　监狱房屋的建筑结构形式应根据建设条件和建筑层数综合考虑。监区内建筑高度应符合当地规划要求，且不应超过24m。

第四十二条　干警及武警训练场按每人3.2m²测算，罪犯训体场按每人2.9m²测算。

第四十四条　干警办公设施和罪犯生活教育、劳动改造设施投资项目与标准按有关标准执行。道路系统、消防、给排水、供暖、变配电、电信、煤气、有线电视、环保等宜与城市相应市政衔接。

■ 选址与防护范围要求

监狱建设标准　建标［2002］258号

第十五条　新建监狱的选址应符合下列规定：

1. 新建监狱建设应选择邻近经济相对发达、交通便利的城市或地区。

2. 新建监狱选址应根据工程地质、水文地质和地震活动性质，结合劳动改造需要，选择地质条件较好、地势较高的地段；新建监狱严禁选在可能发生自然灾害且足以危及监狱安全的地区。

3. 新建监狱应选择在给排水、供电、通信、电视接收等条件较好的地区。未成年犯管教所和女子监狱应该选择经济相对发达、交通便利的大、中城市建设。

4. 新建监狱与各种污染源、易燃易爆危险品、高噪声、高压线走廊、无线电干扰、光缆、石油管线、水利设施的距离应符合国家有关规定。

劳教所

■ 相关规范

名称	编号或文号	批准/发布部门	实施日期
劳动教养场所所政设施建设标准（试行）	司发通[2001]033号	司法部	2001年3月15日

■ 分类

劳动教养场所所政设施建设标准（试行）　司发通[2001]033号

第六条　劳教所按其收容劳教人员的数量分为大、中、小三类规模。

劳教所得分类及其收容规模　　　　表2-1

劳教所类型	大型劳教所	中型劳教所	小型劳教所
收容劳教人员数量	2000人以上	1000~2000人	1000人以下

■ 内部构成

劳动教养场所所政设施建设标准（试行）　司发通[2001]033号

第七条　劳教所所政设施系指用于教育改造劳教人员的生活服务设施、医疗设施、教育习艺设施、警戒管束设施和大、中队干警办公设施以及所部管教中心的干警办公、休息用房。其中：

生活服务设施：劳教人员宿舍，以大、中队为单位设立的物品保管室、洗漱室、浴室、厕所；单独建立的生活服务站（小卖部和小餐厅）、食堂、锅炉房；招待所（劳教人员夫妻同居室、接见亲属住房）。

医疗设施：单独建立的医务室或医院。

教育与习艺设施：以大、中队为单位设立的心理治疗室或谈话室、文化活动室、图书阅览室、教室或单独建立的教学楼（少年教养所必建）；文体活动场；习艺楼。

警戒管束设施：门卫值班室、安检室、待见室、接见室；单独建立的禁闭室；护卫组织用房、围墙与其他用房。

干警办公设施：以所部管教安全为中心的干警办公、会议、值班休息用房；以大、中队为单位设立的干警办公室、干警会议室、干警值班休息室。

■ 设置规定与建设标准

劳动教养场所所政设施建设标准（试行）　　司发通 [2001] 033 号

第三条　本标准适用于劳动教养管理所（简称劳教所）、劳动教养院、少年教养所、戒毒劳教所、邪教类劳教人员教育转化基地的新建和改扩建的所政设施及警戒设施建设。

第九条　（节选）劳教所的总平面布置应符合下列条件：

一、普通劳教所、女子劳教所、少年教养所和戒毒劳教所均应独立建造。

第十条　劳教所所政设施建设应做到安全、适用、经济、美观、通风和采光。其总建筑面积控制下限按劳教人员收容规模人数 $16m^2$/人计算。新建所容积率不大于 0.50。

第十五条　劳教所的文体活动场地除以大中队为单位列队训练的场地外，其他文体活动场地宜在劳教人员生活教育区内单独设置，各功能用房或场地的建设应符合下列要求：

一、应建一个能容纳全体劳教人员进行军训、会操的露天的文体活动场地，中间设标准的篮球场或排球场，其面积指标见表4-4。

露天问题活动场地面积指标　　　　　　　　　　　表4-4

收容总人数	指标（m^2/人）	备注
1000人以下	5.0~4.0	场中设施应可拆除和安装
1000人以上	4.0	

二、有条件的单位可在劳教人员生活线教育区内建田径场，田径场设100m的直线跑道一条六组，环形跑道中间设一个足球场，环形跑道的长度指标见表4-5。

环形跑道长度指标　　　　　　　　　表4-5

收容总人数	长度指标（m）	备注
1000~2000人	300	1000人以下可不设田径场
2000人以上	400	

三、砂坑和联合器械区应设在露天文体活动场的一边或田径场100m道的一端，其面积指标不应小于表4-6。

砂坑和联合器械区面积指标　　　　　表4-6

收容总人数	指标（m²/人）	备注
1000人以下	0.60~0.50	设在田径场100米跑道一端的砂坑和联合器械区的面积指标应乘以0.6的减系数
1000~2000人	0.5~0.35	
2000人以上	0.35	

■ 选址与防护范围要求

劳动教养场所所政设施建设标准（试行）　　司发通［2001］033号

第八条　新建劳教所的选址应符合下列条件：

一、所址应根据工程地质、水文地质和地震活动性质，结合劳教所做的长远发展，选择地质条件较好，便于工程施工的地段，并应符合城市总体规划要求。

二、应选择交通方便、给排水、供电、供气、通信等条件较好环境适宜的城郊结合处地段。

三、干警的各项公用和生活福利设施（如医院、学校、幼儿园、住房等设施）应尽量利用当地提供的社会协助条件。

四、少年教养所和女子劳教所应选择在省会城市和交通方便的大中城市；戒毒劳教所应选择在有较好医疗条件的地区。

刑　场

■ 相关规范

名称	编号或文号	批准/发布部门	实施日期
人民法院刑场建设标准	建标〔2005〕172号	建设部 国家发展和改革委员会	2006年3月1日

■ 内部构成

人民法院刑场建设标准　建标〔2005〕172号

第八条　人民法院刑场宜由场地、房屋建筑和执行装备三部分组成。
司法警察训练基地可另列项目、合并建设。

第九条　人民法院刑场的场地宜由室外枪决执行场地、停车场地、刑场内部安全隔离区、司法警察射击和体能训练场地及绿地组成。

第十条　人民法院刑场的房屋建筑由执行用房、附属用房组成，并符合下列要求：

执行用房包括：注射行刑室、注射受刑室、指挥观察室、监控室、监刑室或观察廊道、停尸室、法医室、询问室、羁押室。

附属用房包括：门卫室、管理室、执行人员休息室、库房、车库、建设设备用房、卫生间等。

注：①采用室内枪决执行死刑的，根据需要，可建枪决执行室。
②因地形和周围环境特殊，需要建立制高点的，应设备警戒岗楼。

第十四条　人民法院刑场的分区，根据执行工作程序和使用要求宜分为注射执行区、车辆停放区、法警训练区。

■ 设置规定与建设标准

人民法院刑场建设标准　建标〔2005〕172号

第十五条　人民法院刑场的总平面，应按照死刑执行程序和操作流程要求布置。

人员和车辆通行线路，应避免平面交叉。执行用房周围，应设置环形车道。车辆停放场地宜集中设置，按同时停放车辆不少于30辆测定。

第十七条　人民法院刑场建设，应遵循科学合理、节约用地的原则，按国家公益事业建设便利征拨土地手续，刑场用地面积指标宜为10000m^2，特殊需要增加的，可另行报批。

第十八条　人民法院刑场执行房和附属用房，应按照满足同时注射执行4人的要求，建筑面积控制在1200m^2之内。

死刑执行量大、确需增加执行用房面积的，每增加1个被执行人，可增加使用面积60m^2，但须另行报批。

枪决执行室、警戒岗楼等用房的建筑面积，根据需要另行确定。

第十九条　执行用房面积不宜超过表1所列指标。

执行用房使用面积指标（节选）　　　　　　　　　　　　表1

用房名称	面积小计（m^2）
使用面积合计	410

注：执行用房使用系数为0.55~0.60。

第二十条　附属用房面积不宜超过表2所列指标。

附属用房使用面积指标（节选）　　　　　　　　　　　　表2

用房名称	使用面积（m^2/间）
使用面积合计	339

注：附属用房使用系数为0.65~0.70。

■ 选址与防护范围要求

人民法院刑场建设标准　建标［2005］172号

第十二条　人民法院刑场应设置在的交通、水电、通信条件便利的地区，并应避开居民稠密区和地质灾害频发区。

第十三条　人民法院刑场周界必须设置围墙，刑场内建筑物与围墙间应留有安全隔离区，外部警戒区范围应符合死刑执行的安全保密要求，根据周围地形条件确定。

强制戒毒所

第二条 强制戒毒所是公安机关依法通过行政强制措施,对吸食、注射毒品成瘾人员在一定时期内,进行生理脱毒、心理矫治、适度劳动、身体康复和法律、道德教育的场所。(强制戒毒所管理办法)

■ 相关规范

名称	编号或文号	批准/发布部门	实施日期
强制戒毒所管理办法	公安部令第49号	公安部	2000年4月17日
强制戒毒所建设标准	建标〔2005〕188号	建设部 国家发展和改革委员会	2006年3月1日

■ 分类

强制戒毒所建设标准 建标〔2005〕188号

第十一条 强制戒毒所建设的规模根据床位的多少划分为三类:
一类强制戒毒所,设计床位800张以上;
二类强制戒毒所,设计床位400~799张;
三类强制戒毒所,设计床位200~399张;
新建强制戒毒所的建设规模应不小于200张床位。

■ 内部构成

强制戒毒所管理办法 公安部令第49号

第三十八条 强制戒毒所应当设立办公区、戒毒治疗区、文体活动区、生产劳动区,配备必要的医疗器械和健身器材。

戒毒治疗区应当设有戒毒室、观察室、治疗室、药房、检验室及值班室。戒毒治疗区药房应当具备贮存麻醉药品、精神药品和医疗用毒性药品的条件。治疗室应当具备诊治戒毒常见并发症的条件及其他应急措施。

强制戒毒所建设标准　建标［2005］188 号

第十二条　强制戒毒所建设的工程项目包括房屋建筑、场地和装备三个部分。禁毒教育基地及附设自愿戒毒场所的设施可根据需要，经批准后另列并建。

第十三条　强制戒毒所房屋建筑由病室、医技、教育、康复劳动、技能培训、文体活动、行政管理、生活保障、民警备勤以及附属用房等有关建筑设施组成。

强制戒毒所各类用房详表见附录一（附录详见原规范）。

■ 设置规定与建设标准

强制戒毒所管理办法　公安部令第 49 号

第四条　强制戒毒所的设置，由县级以上人民政府公安机关根据省、自治区、直辖市人民政府的统一规划，提出方案，报请同级人民政府批准后，报公安部备案。

铁道、交通、民航系统相当于县级以上的公安机关需要设置强制戒毒所时，应当分别报请铁道部公安局、交通部公安局、民航总局公安局批准后，报公安部备案。

公安机关不得与任何单位、个人合资开办强制戒毒所。

强制戒毒所必须单独设置，床位不少于 60 张。

强制戒毒所选址应当尽量远离机关、学校、居民区、托幼园所及其他人群密集的繁华区域，远离环境嘈杂、污染的地方。

强制戒毒所建设标准　建标［2005］188 号

第九条　强制戒毒所可收治强制戒毒人员的床位数量（简称床位，下同）作为确定建设规模的依据。

第十条　强制戒毒所的建设规模及其方案，应由批准设置强制戒毒所的公安机关报经省级公安机关审定。

第十四条　强制戒毒所场地建设包括强制戒毒人员康复劳动场地、体能锻炼场地、民警活动场地、停车场地、绿化场地等。

强制戒毒人员康复劳动基地，可以设置在所内，也可以单独另建。

强制戒毒人员户外体能锻炼场地，应具有球类活动、器械锻炼等设施。并能满足队列操练、升旗仪式的需要。

第二十一条　强制戒毒所建筑布局应充分考虑通风、日照和环境美化，房屋建筑与周界围墙的间距为 5.5~6m。

第二十二条　强制戒毒所戒毒治疗区和康复劳动区应分设男女病区，护理单元不宜超过 100 张床位，传染病区应单独设置，并根据使用要求配置相应的设施。

第二十三条　强制戒毒所行政区应置于强制戒毒所的主出入口处，并按照停车、绿化、工作人员体能锻炼以及人行通道的要求规划布局。

第二十四条　强制戒毒所各类用房建筑面积和用地面积均以设计的病床床位数乘以指标数确定。

第二十五条　强制戒毒所综合建筑面积指标：一类、二类所每个床位按不低于 $25m^2$ 计算；三类所每个床位不低于 $28m^2$ 计算。其中直接用于戒毒人员的病室、教育用房、文体用房、治疗用房、生活用房、康复劳动用房、家属探视用房等每床位应不低于 $20m^2$。

直辖市、沿海城市及其他经济发达地区可根据需要适当增加面积，最高不超过本标准的30%，单独另行报批。

第二十六条　强制戒毒所各类用房面积参照表1确定。

强制戒毒所用房使用面积指标（m^2/床位）　　表1

序号	名称	类型			使用系数	备注
		一类	二类	三类		
1	病室①	5~6	5~6	5~6	0.65	含盥洗间、衣物柜、严管、隔离病室可增0.5
2	教育	1.30~1.40	1.30~1.40	1.30~1.40	0.65	包括技能培训、图书阅览、电化教育、心理矫治、个别谈话等
3	医技	1.33	1.30	1.40	0.65	包括接诊、检查、治疗、医护等
4	文体	1.90	1.90	1.90	0.70	包括健身、多功能厅、会堂、活动室等
5	康复劳动	2.50~30.50	2.50~3.50	2.50~3.50	0.70	包括劳作间、仓库、值班、管教
6	生活	1.80	1.90	2.08	0.70	包括伙房、仓库、餐厅、理发、浴室、洗衣间、生活用品供应等
7	行管	2.64	2.67	3.17	0.70	包括办公、备勤宿舍、技术用房、探视室、后勤仓库等
8	附属	1.50	1.60	1.70	0.75	包括公共服务及设备用房等
	合计	17.97~20.07	18.17~20.27	19.05~21.15	—	

注：1. 寒冷和严寒地区可在本表基础上增加4%~6%；
　　2. 禁毒教育基地未列入。

---

① 《强制戒毒所管理办法》第三十九条规定不得少于 $3m^2$。

第二十七条　强制戒毒所用地应在满足强制戒毒人员戒毒治疗、教育、体能锻炼、康复劳动等功能的前提下，坚持科学、节约的原则，合理使用。

第二十八条　强制戒毒所用地面积指标应按表 2 所列指标计算确定。

强制戒毒所用地面积指标　　　　表 2

序号	名称	指标	备注
1	建筑用地	建筑覆盖率为 27%～33%，建筑容积率 3.0～4.0	绿化率不低于 35%
2	训练活动场用地	3.3～4.0m^2/床位	—
3	停车场用地	停车位按车位 25～30m^2/辆计算	数量按配备数的 200% 计算
4	所内康复劳动用地	15～20m^2/床位	—

注：所外康复劳动（农场）用地另计。

■ 选址与防护范围要求

强制戒毒所建设标准　建标［2005］188 号

第十六条　强制戒毒所选址条件：

一、环境幽静，通风良好，日照充足，便于与外界隔离；

二、符合城市建设总体规划要求，交通、供电、给排水、通信等市政条件较好；

三、地质条件较好，严禁在可能发生自然灾害且足以危及安全的地区建设；

四、与各种污染、易燃、易爆危险品、高压电线和无线电干扰的距离应符合国家有关防护距离的规定。

第十七条　强制戒毒所规划布局应实行"大封闭，小开放"的格局，周界应设置围墙。

文物保护单位

文物保护单位 officially protected monuments and sites

经县以上人民政府核定公布应予重点保护的文物古迹。(历史文化名城保护规划规范)

■ 相关规范

名称	编号或文号	批准/发布部门	实施日期
中华人民共和国文物保护法		全国人民代表大会常务委员会	2007年12月29日
全国重点文物保护单位保护规划编制要求	文物办发〔2003〕87号	国家文物局	2004年8月2日
历史文化名城保护规划规范	GB 50357—2005	建设部	2005年10月1日

■ 分类

中华人民共和国文物保护法

第三条 古文化遗址、古墓葬、古建筑、石窟寺、石刻、壁画、近代现代重要史迹和代表性建筑等不可移动文物，根据它们的历史、艺术、科学价值，可以分别确定为全国重点文物保护单位，省级文物保护单位，市、县级文物保护单位。

历史上各时代重要实物、艺术品、文献、手稿、图书资料、代表性实物等可移动文物，分为珍贵文物和一般文物；珍贵文物分为一级文物、二级文物、三级文物。

第十三条 国务院文物行政部门在省级、市、县级文物保护单位中，选择具有重大历史、艺术、科学价值的确定为全国重点文物保护单位，或者直接确定为全国重点文物保护单位，报国务院核定公布。

省级文物保护单位，由省、自治区、直辖市人民政府核定公布，并报国务院备案。

市级和县级文物保护单位，分别由设区的市、自治州和县级人民政府核定公布，并报省、自治区、直辖市人民政府备案。

尚未核定公布为文物保护单位的不可移动文物，由县级人民政府文物行政部门予以登记并公布。

■ 保护区划及控制要求

中华人民共和国文物保护法

第十七条 文物保护单位的保护范围内不得进行其他建设工程或者爆破、钻探、挖掘等作业。但是，因特殊情况需要在文物保护单位的保护范围内进行其他建设工程或者爆破、钻探、挖掘等作业的，必须保证文物保护单位的安全，并经核定公布该文物保护单位的人民政府批准，在批准前应当征得上一级人民政府文物行政部门同意；在全国重点文物保护单位的保护范围内进行其他建设工程或者爆破、钻探、挖掘等作业的，必须经省、自治区、直辖市人民政府批准，在批准前应当征得国务院文物行政部门同意。

第十八条 根据保护文物的实际需要，经省、自治区、直辖市人民政府批准，可以在文物保护单位的周围划出一定的建设控制地带，并予以公布。

在文物保护单位的建设控制地带内进行建设工程，不得破坏文物保护单位的历史风貌；工程设计方案应当根据文物保护单位的级别，经相应的文物行政部门同意后，报城乡建设规划部门批准。

第十九条 在文物保护单位的保护范围和建设控制地带内，不得建设污染文物保护单位及其环境的设施，不得进行可能影响文物保护单位安全及其环境的活动。对已有的污染文物保护单位及其环境的设施，应当限期治理。

第二十条 建设工程选址，应当尽可能避开不可移动文物；因特殊情况不能避开的，对文物保护单位应当尽可能实施原址保护。

实施原址保护的，建设单位应当事先确定保护措施，根据文物保护单位的级别报相应的文物行政部门批准，并将保护措施列入可行性研究报告或者设计任务书。

无法实施原址保护，必须迁移异地保护或者拆除的，应当报省、自治区、直辖市人民政府批准；迁移或者拆除省级文物保护单位的，批准前须征得国务院文物行政部门同意。全国重点文物保护单位不得拆除；需要迁移的，须由省、自治区、直辖市人民政府报国务院批准。

依照前款规定拆除的国有不可移动文物中具有收藏价值的壁画、雕塑、建筑构件等，由文物行政部门指定的文物收藏单位收藏。

本条规定的原址保护、迁移、拆除所需费用，由建设单位列入建设工程预算。

历史文化名城保护规划规范 GB 50357—2005

5.0.2 保护建筑应划定保护范围和建设控制地带的具体界线，也可根据实际需要划定环境协调的界线，并按被保护的文物保护单位的保护要求提出规划措施。

全国重点文物保护单位保护规划编制要求　文物办发［2003］87号

第八条　保护区划编制内容：

（一）保护区划

文物保护单位保护规划应根据确保文物保护单位安全性、完整性的要求划定或调整保护范围，根据保证相关环境的完整性、和谐性的要求划定或调整建设控制地带。

在考古调查、勘探工作尚未全面展开的情况下，编制保护规划应当分析文物分布的密集区、可能分布密集区和可能分布区，以此确定文物保护单位的分布范围、重点保护对象和不同的区划等级或类别。

各类保护区划必须明确四至边界，注明占地规模，制定管理规定。

（二）区划等级

保护范围可根据文物价值和分布状况进一步划分为重点保护区和一般保护区。建设控制地带可根据控制力度和内容分类。

公 园

3.1.2 公园 park

供公众游览、观赏、休憩，开展户外科普、文体及健身等活动，向全社会开放，有较完善的设施及良好生态环境的城市绿地。(园林基本术语标准)[①]

■ 相关规范

名称	编号或文号	批准/发布部门	实施日期
城市绿地设计规范	GB 50420—2007	建设部	2007年10月1日
园林基本术语标准	CJJ/T 91—2002	建设部	2002年12月1日
城市绿地分类标准	CJJ/T 85—2002	建设部	2002年9月1日
公园设计规范	CJJ 48—92	建设部	1993年1月1日

■ 分类

城市绿地分类标准　CJJ/T 85—2002

2.0.4 绿地具体分类应符合表2.0.4的规定。

绿地分类表（节选）　　　表2.0.4

类别代码			类别名称	内容与范围	备注
大类	中类	小类			
G1				公园绿地	向公众开放，以游憩为主要功能，兼具生态、美化、防灾等作用的绿地	
	G11		综合公园	内容丰富，有相应设施，适合于公众开展各类户外活动的规模较大的绿地	
		G111	全市性公园	为全市居民服务，活动内容丰富、设施完善的绿地	
		G112	区域性公园	为市区内一定区域的居民服务，具有较丰富的活动内容和设施完善的绿地	

---

① 《公园设计规范》CJJ 48—92 附录中有相同的定义。

续表

类别代码			类别名称	内容与范围	备注
大类	中类	小类			
G1	G12		社区公园	为一定居住用地范围内的居民服务，具有一定活动内容和设施的集中绿地	不包括居住组团绿地
		G121	居住区公园	服务于一个居住区的居民，具有一定活动内容和设施，为居住区配套建设的集中绿地	服务半径：0.5~1.0km
		G122	小区游园	为一个居住小区的居民服务、配套建设的集中绿地	服务半径：0.3~0.5km
	G13		专类公园	具有特定内容或形式，有一定游憩设施的绿地	绿化占地比例应大于等于65%
		G131	儿童公园	单独设置，为少年儿童提供游戏及开展科普、文体活动，有安全、完善设施的绿地	绿化占地比例应大于等于65%
		G132	动物园	在人工饲养条件下，移地保护野生动物，供观赏、普及科学知识，进行科学研究和动物繁育，并具有良好设施的绿地	
		G133	植物园	进行植物科学研究和引种驯化，并供观赏、游憩及开展科普活动的绿地	
		G134	历史名园	历史悠久，知名度高，体现传统造园艺术并被审定为文物保护单位的园林	
		G135	风景名胜公园	位于城市建设用地范围内，以文物古迹、风景名胜点（区）为主形成的具有城市公园功能的绿地	
		G136	游乐公园	具有大型游乐设施，单独设置，生态环境较好的绿地	
		G137	其他专类公园	除以上各种专类公园外具有特定主题内容的绿地。包括雕塑园、盆景园、体育公园、纪念性公园等	
	G14		带状公园	沿城市道路、城墙、水滨等，有一定游憩设施的狭长形绿地	
	G15		街旁绿地	位于城市道路用地之外，相对独立成片的绿地，包括街道广场绿地、小型沿街绿化用地等	绿化占地比例应大于等于65%

公园设计规范　CJJ 48—92

第2.1.6条　城市高压输配电架空线通道内的用地不应按公园设计。公园用地与高压输配电架空线通道相邻处，应有明显界限。

第2.2.2条　综合性公园的内容应包括多种文化娱乐设施、儿童游戏场和安静休憩区，也可设游戏型体育设施。在已有动物园的城市，其综合性公园内不宜设大型或猛兽类动物展区。全园面积不宜小于10hm^2。

第2.2.3条　儿童公园应有儿童科普教育内容和游戏设施，全园面积宜大于2hm^2。

第2.2.4条　动物园应有适合动物生活的环境；游人参观、休息、科普的设施；安全、卫生隔离的设施和绿带；饲料加工厂以及兽医院。检疫站、隔离场和饲料基地不宜设在园内。全园面积宜大于20hm^2。

专类动物园应以展出具有地区或类型特点的动物为主要内容。全园面积宜在5～20hm^2。

第2.2.5条　植物园应创造适于多种植物生长的立地环境，应有体现本园特点的科普展览区和相应的科研实验区。全园面积宜大于40hm^2。

专类植物园应以展出具有明显特征或重要意义的植物为主要内容，全园面积宜大于20hm^2。

盆景园应以展出各种盆景为主要内容。独立的盆景园面积宜大于2hm^2。

第2.2.6条　风景名胜公园应在保护好自然和人文景观的基础上，设置适量游览路、休憩、服务和公用等设施。

第2.2.7条　历史名园修复设计必须符合《文物保护法》的规定。为保护或参观使用而设置防火设施、值班室、厕所及水电等工程管线，也不得改变文物原状。

第2.2.8条　其他专类公园，应有名副其实的主题内容。全园面积宜大于2hm^2。

第2.2.9条　居住区公园和居住小区游园，必须设置儿童游戏设施，同时应照顾老人的游憩需要。居住区公园陆地面积随居住区人口数量而定，宜在5～10hm^{2}之间。居住小区游园面积宜大于0.5hm^2。

第2.2.10条　带状公园，应具有隔离、装饰街道和供短暂休憩的作用。园内应设置简单的休憩设施，植物配置应考虑与城市环境的关系及园外行人、乘车人对公园外貌的观赏效果。

第2.3.1条①　公园内部用地比例应根据公园类型和陆地面积确定。其绿化、建筑、园路及铺装场地等用地的比例应符合表2.3.1的规定。

---

① 《城市绿地设计规范》GB 50420—2007 3.0.9 有建筑占地比例的控制。

表 2.3.1

公园内部用地比例（%）

陆地面积(hm²)	用地类型	综合性公园	儿童公园	动物园	专类动物园	植物园	专类植物园	盆景园	风景名胜公园	其他专类公园	居住区公园	居住小区游园	带状公园	街旁游园
<2	I	—	15~25	—	—	—	15~25	15~25	—	—	—	10~20	15~30	15~30
	II	—	<1.0	—	—	—	<1.0	<1.0	—	—	—	<0.5	<0.5	—
	III	—	<4.0	—	—	—	<7.0	<8.0	—	—	—	<2.5	<2.5	<1.0
	IV	—	>65	—	—	—	>65	>65	—	—	—	>75	>65	>65
2~<5	I	—	10~20	—	10~20	—	10~20	10~20	—	10~20	10~20	—	15~30	15~30
	II	—	<1.0	—	<2.0	—	<1.0	<1.0	—	<1.0	<0.5	—	<0.5	—
	III	—	<4.0	—	<12	—	<7.0	<8.0	—	<5.0	<2.5	—	<2.0	<1.0
	IV	—	>65	—	>65	—	>70	>65	—	>70	>75	—	>65	>65
5~<10	I	8~18	8~18	—	8~18	—	8~18	8~18	—	8~18	8~18	—	10~25	10~25
	II	<1.5	<2.0	—	<1.0	—	<1.0	<2.0	—	<1.0	<0.5	—	<0.5	<0.2
	III	<5.5	<4.5	—	<14	—	<5.0	<8.0	—	<4.0	<2.0	—	<1.5	<1.3
	IV	>70	>65	—	>65	—	>70	>70	—	>75	>75	—	>70	>70
10~<20	I	5~15	5~15	—	5~15	5~10	5~15	—	—	5~15	—	—	10~25	—
	II	<1.5	<2.0	—	<1.0	<0.5	<1.0	—	—	<0.5	—	—	<0.5	—
	III	<4.5	<4.5	—	<14	<3.5	<14	—	—	<3.5	—	—	<1.5	—
	IV	>75	>70	—	>65	>85	>75	—	—	>80	—	—	>70	—
20~<50	I	5~15	—	5~15	—	5~10	5~15	—	—	5~15	—	—	10~25	—
	II	<1.0	—	<1.5	—	<0.5	<1.0	—	—	<0.5	—	—	<0.5	—
	III	<4.0	—	<12.5	—	<3.5	<14	—	—	<2.5	—	—	<1.5	—
	IV	>75	—	>70	—	>85	>75	—	—	>80	—	—	>70	—
≥50	I	5~10	—	5~10	—	3~8	—	—	3~8	5~10	—	—	—	—
	II	<1.0	—	<1.5	—	<0.5	—	—	<0.5	<0.5	—	—	—	—
	III	<3.0	—	<11.5	—	<2.5	—	—	<2.5	<1.5	—	—	—	—
	IV	>80	—	>75	—	>85	—	—	>85	>85	—	—	—	—

注：I——园路及铺装场地；II——管理建筑；III——游览、休憩、服务、公用建筑；IV——绿化园地。

第3.1.1条 公园设计必须确定公园的游人容量,作为计算各种设施的容量、个数、用地面积以及进行公园管理的依据。

第3.1.2条 公园游人容量应按下式计算:

$$C = A/Am \qquad (3.1.2)$$

式中　C——公园游人容量(人)

　　　A——公园总面积(m^2)

　　　Am——公园游人人均占有面积(m^2/人)

第3.1.3条 市、区级公园游人人均占有公园面积以60m^2为宜,居住区公园、带状公园和居住小区游园以30m^2为宜;近期公共绿地人均指标低的城市,游人人均占有公园面积可酌情降低,但最低游人人均占有公园的陆地面积不得低于15m^2。风景名胜公园游人人均占有公园面积宜大于100m^2。

第3.1.4条 水面和坡度大于50%的陡坡山地面积之和超过总面积的50%的公园,游人人均占有公园面积应适当增加,其指标应符合表3.1.4的规定。

水面和陡坡面积较大的公园游人人均占有面积指标　　表3.1.4

水面和陡坡面积占总面积比例(%)	0~50	60	70	80
近期游人占有公园面积(m^2/人)	≥30	≥40	≥50	≥75
无期游人占有公园面积(m^2/人)	≥60	≥75	≥100	≥150

城市绿地设计规范　GB 50420—2007

3.0.9　城市绿地的建筑应与环境协调,并符合以下规定:

1. 公园绿地内建筑占地面积应按公园绿地性质和规模确定游憩、服务、管理建筑占用地面积比例,小型公园绿地不应大于3%,大型公园绿地宜为5%,动物园、植物园、游乐园可适当提高比例。

2. 其他绿地内各类建筑占用地面积之和不得大于陆地总面积的2%。

3.0.11　地震烈度6度以上(含6度)的地区,城市开放绿地必须结合绿地布局设置专用防灾、救灾设施和避难场地。

林木种苗工程

■ 相关规范

名称	编号或文号	批准/发布部门	实施日期
林木种苗工程项目建设标准（试行）	林计发［2003］207号	国家林业局	2004年1月1日

■ 分类

林木种苗工程项目建设标准（试行）　林计发［2003］207号

第九条　林木种苗工程项目分为林木种质资源库工程、林木良种繁育工程、林木采种基地工程、苗木生产基地工程及其基础设施。林木种苗工程分类见表1。

林木种苗工程分类表　　　　　　　　　　表1

类别	类型	备注
林木种质资源库工程	林木种质资源原地保存库	
	林木种质资源异地收集保存库	
	林木种质资源设施保存库	
林木良种繁育工程	林木良种繁育中心	
	林木良种基地	
林木采种基地工程	针叶树采种基地	
	阔叶树采种基地	
	灌木采种基地	
苗木生产基地工程	特大型苗圃	
	大型苗圃	
	中型苗圃	
	小型苗圃	

类别	类型	备注
林木种苗基础设施	林木种苗质量保障	
	林木种苗加工贮藏	
	林木种苗信息管理系统	

■ 设置规定与建设标准

林木种苗工程项目建设标准 林计发 [2003] 207 号

第十条 林木种质资源库工程建设的主要任务是种质资源的调查、界定、收集、测定、评价和开发。林木种质资源库分为林木种质资源原地保存库、林木种质资源异地收集保存库和林木种质资源设施保存库三种类型。

一、林木种质资源原地保存库建设是在自然保护区、树木园（植物园）、森林公园、国有林场的基础上进行建设，主要包括天然物种、植物群落等。

二、林木种质资源异地收集保存库建设是在林木良种繁育中心、良种基地、采种基地的基础上进行建设。以收集区的种质资源（主要包括长期引种成功的外来树种、珍稀树种、乡土树种、种源、家系、无性系、农家品种、品种等）为基础进行完善和扩建，以种质资源的建设规模为控制指标。

三、林木种质资源设施保存库建设另行立项。

四、林木种质资源库工程分大、中、小型，其规模划分见表2。

林木种质资源库工程规模划分表 表2

类型	大型	中型	小型
林木种质资源原地保存库	资源收集点≤5处总面积≥80hm² 资源份数≥500个	资源收集点≤5处总面积50~80hm² 资源份数≥200个	资源收集点≤5处总面积15~50hm² 资源份数≤200个
林木种质资源异地收集保存库	资源收集点≤5处总面积≥30hm² 资源份数≥500个	资源收集点≤5处每处面积10~30hm² 资源份数≥200个	资源收集点≤5处每处面积2~10hm² 资源份数≥100个
林木种质资源设施保存库	另行立项		

第十一条 林木良种繁育工程分为林木良种繁育中心和林木良种基地（新建、改扩建）建设两类。

一、林木良种繁育工程应将选育、试验、示范、生产、推广统筹安排、合理搭配。并充分利用现有良种生产建设的基础，采用先进科技成果，按照有关技术标准和科学管理的寻求进行建设。

二、林木良种繁育中心建设应结合林业重点工程，采用国际、国内最新科技成果，加强优良林木种质资源的保护、保存和合理利用，大力开展林木优良品种的引进和研究，为本省、自治区、直辖市及周边地区培育和生产优良繁殖材料，并起到辐射、示范、推广作用；必须遵循种区划，以省、自治区、直辖市为单位进行建设，不得跨省级行政区划。一个林木良种繁育中心项目建设可以仅有一处建设地点，也可以是一处主点，1~3处分点。

三、林木良种基地是为各项生态环境建设和城镇绿化工程提供优良繁殖、种植材料的基地；以省、地、县为单位进行建设，原则上不应跨越省、地、县行政区划，在跨越县级行政区划的国有林场内建设的林木良种基地除外；一个林木良种基地建设项目只能有一处建设地点。

四、林木良种繁育中心、林木良种基地的建设规模要求见表3。

林木良种繁育工程规模表　　　　　　　　　　　　　表3

类型	建设性质	规模（hm²）
林木良种繁育中心	新建	≥40
林木良种基地	新建	≥20
林木良种基地	改扩建	≥10

第十二条　林木采种基地工程分为针叶树采种基地、阔叶树采种基地和灌木采种基地三类；每处林木采种基地至少应有1个主采树种作为基地建设的目的树种。林木采种基地可分为生产区和管理区。生产区以县为单位，依次划分为经营区、林班。管理区包括种子加工处理场所、库房、种子晒场、检验用房、综合管理用房等。采种基地的类型与规模要求见表4。

林木采种基地工程规模表　　　　　　　　　　　　　表4

类型	规模	每经营区管护建筑面积（m²）	每单位目的树种
针叶树采种基地	300hm²以上	100~300	≥70%
阔叶树采种基地	100hm²以上	40~80	≥50%
灌木树种采种基地	200hm²以上	100~200	≥50%

第十三条　苗木生产基地工程的规模分为特大型、大型、中型和小型。

一、特大型苗圃面向全国和较大的重点生态区域，批量生产优质苗木，对全国苗木生产进行宏观调控。引进国内外先进技术、繁殖材料和管理经验。按产业化、工厂化要求组织生产，生产和管理技术与国际接轨。

二、大型苗圃面向一个省、自治区、直辖市或重点生态工程，批量生产优质苗木，具有区域调控作用和示范、试验功能。引进国内外科研成果、新技术和新品种，按规模化、工厂化要求组织生产。

三、中型苗圃面向一个市、州或重点生态项目，生产优质苗木，并具有一定的调控功能和示范作用。运用先进技术、管理经验和良繁中心的原种繁殖材料，按规模化要求组织生产。

四、小型苗圃面向一个地、县和一般工程项目，依托大、中型苗圃和良种基地提供的新品种和良种，定量生产苗木。

五、苗木生产基地工程的规模划分见表5。

苗木生产基地工程规模划分表 表5

规模	有苗面积（hm²）	年总产苗量（万株）	年原种穗条产量（万根、条）	年容器苗产量（万株）
特大型	≥100	≥3000	≥500	≥500
大型	60~100	1000~3000	200~500	200~500
中型	20~60	300~1000	100~500	50~200
小型	10~20	100~300		

第十四条 林木种苗基础设施分为林木种苗质量保障工程、林木种苗加工贮藏工程和林木种苗信息管理系统工程。

一、林木种苗质量保障工程分国家、省、地（市）县三级，以能满足种苗质量监督检验、委托检验、仲裁检验和种苗生产常规检验的需要。

二、林木种苗加工贮藏工程：包括林木种苗加工、低温库和常温库。

（一）林木种苗加工与低温库以省、自治区、直辖市为单位进行建设，以满足省、自治区、直辖市林木种子丰歉贮备、样品封存、珍稀树种种苗贮存需要。

（二）林木种苗加工与常温库建设分为省（自治区、直辖市）、地（市）县三级，以能满足本地区种子生产、调运及使用的贮存、丰歉贮备需要。

三、林木种苗信息管理系统工程分国家、省（自治区、直辖市）、地（市）县三级建设，为满足林木种苗生产、供应等信息收集、整理、汇总、分析、发布的需要，配备必要的信息设备。

四、林木种苗基础设施规模划分见表6。

林木种苗基础设施与配套工程规模划分表　　　　　　　　　表6

项目		国家级	省级	地（市）县级
林木种苗质量保障工程		实验室等建筑面积≥500m², 机构独立，检验设施完善，能够独立开展全国性种苗质量监督检验、抽检、仲裁检验	实验室等建筑面积≥200m², 有专职检验人员，能够开展辖区内苗质量监督检验、抽检、仲裁检验	实验室等建筑面积≥50m², 能够开展常规性种苗质量监督检验
林木种苗加工贮藏工程	林木种苗加工与低温库建设		库房等建筑面积≥1000m², 低温库温度≤5℃	
	林木种苗加工与常温库建设		库房等建筑面积≥500m²	库房等建筑面积200~500m²
林木种苗信息管理系统工程		有独立中控机房，计算机房，面积≥100m²，有独立的服务器等网络设备	有独立机房，面积≥50m²	有计算机房，能够接入Internet网络

苗木生产基地工程建筑工程控制面积表（m²）　　　　　　表17

规模	综合办公楼				生产用房						库房		
	组培室	实验室	检验室	档案室	办公室	装播车间	土壤熟化车间	种苗调制室	变电所	包装车间	种子库	工具库	机具库
特大型	1500	400	100	150	400	400	120	50	50	100	150	50	200
大型	500	300	100	80	150	150	50	30	30	80	40	30	80
中型	500	500	80	50	100	50	50	30	20		20	20	40
小型			60	30	50			30	20		20	20	40

林木种苗基础设施与配套工程建筑工程量表　　　　　　　表19

项目		等级	工程量（m²）
林木种苗质量保障工程		国家级	500~1000
		省级	200~600
		地（市、县）级	20~200
林木种苗加工贮藏工程	种子低温库	省级	1000~2500
	种子常温库	省级	500~1500
		地（市、县）级	200~500
林木种苗信息管理系统工程		国家级	100~300
		省级	50~250

注：1. 结构类型一般为砖混结构，对国家级建设项目中规模较大时，也可采用框架结构；
　　2. 省（自治区、直辖市）的各项目，在条件允许的情况下，应集中建设。

风景名胜区

6.0.1 风景名胜区 landscape and famous scenery

指风景名胜资源集中、环境优美、具有一定规模和游览条件，可供人们游览欣赏、休憩娱乐或进行科学文化活动的地域[①]。（园林基本术语标准）

■ 相关规范

名称	编号或文号	批准/发布部门	实施日期
风景名胜区条例		国务院	2006年12月1日
风景名胜区规划规范	GB 50298—1999	建设部	2000年1月1日
风景名胜区分类标准	CJJ/T 121—2008	住房和城乡建设部	2008年12月1日
园林基本术语标准	CJJ/T 91—2002	建设部	2002年12月1日

■ 分类

风景名胜区条例

第八条 风景名胜区划分为国家级风景名胜区和省级风景名胜区。

自然景观和人文景观能够反映重要自然变化过程和重大历史文化发展过程，基本处于自然状态或者保持历史原貌，具有国家代表性的，可以申请设立国家级风景名胜区；具有区域代表性的，可以申请设立省级风景名胜区。

风景名胜区规划规范 GB 50298—1999

第1.0.3条 风景区按用地规模可分为小型风景区（20km² 以下）、中型风景区（21~100km²）、大型风景区（101~500km²）、特大型风景区（500km² 以上）。

风景名胜区分类标准 CJJ/T 121—2008

2.0.3 风景名胜区分类应符合表2.0.3的规定。

---

① 《风景名胜区规划规范》GB 50298—1999 第2.0.1条有相同定义。

风景名胜区分类

表 2.0.3

类别代码	类别名称		类别特征
	中文名称	英文名称	
SHA1	历史圣地类	Sacred Place	指中华文明始祖遗存集中或重要活动，以及与中华文明形成和发展关系密切的风景名胜区。不包括一般的名人或宗教胜迹
SHA2	山岳类	Mountains	以山岳地貌为主要特征的风景名胜区。此类风景名胜区具有较高生态价值和观赏价值。包括一般的人文胜迹
SHA3	岩洞类	Caves	以岩石洞穴为主要特征的风景名胜区。包括溶蚀、侵蚀、塌陷等成因形成的岩石洞穴
SHA4	江河类	Rivers	以天然及人工河流为主要特征的风景名胜区。包括季节性河流、峡谷和运河
SHA5	湖泊类	Lakes	以宽阔水面为主要特征的风景名胜区。包括天然或人工形成的水体
SHA6	海滨海岛类	Seashores And Islands	以海滨地貌为主要特征的风景名胜区。包括海滨基岩、岬角、沙滩、滩涂、潟湖和海岛岩礁等
SHA7	特殊地貌类	Specified Landforms	以典型、特殊地貌为主要特征的风景名胜区。包括火山熔岩、热田汽泉、沙漠荒滩、蚀余景观、地质珍迹、草原、戈壁等
SHA8	城市风景类	Urban Landscape	指位于城市边缘，兼有城市公园绿地日常休闲、娱乐功能的风景名胜区。其部分区域可能属于城市建设用地
SHA9	生物景观类	Bio-landscape	以特色生物景观为主要特征的风景名胜区
SHA10	壁画石窟类	Grottos and Murals	以古代石窟造像、壁画、岩画为主要特征的风景名胜区
SHA11	纪念地类	Memorial Places	以名人故居，军事遗址、遗迹为主要特征的风景名胜区。包括其历史特征、设施遗存和环境
SHA12	陵寝类	Emperor and Notable Tombs	以帝王、名人陵寝为主要内容的风景名胜区。包括陵区的地上、地下文物和文化遗存，以及陵区的环境
SHA13	民俗风情类	Folkways	以特色传统民居、民俗风情和特色物产为主要特征的风景名胜区
SHA14	其他类	Others	未包括在上述类别中的风景名胜区

■ 选址与防护范围要求

风景名胜区条例

第七条 设立风景名胜区，应当有利于保护和合理利用风景名胜资源。

新设立的风景名胜区与自然保护区不得重合或者交叉；已设立的风景名胜区与自然保护区重合或者交叉的，风景名胜区规划与自然保护区规划应当相协调。

风景名胜区规划规范 GB 50298—1999

第4.1.3条 风景保护的分级应包括特级保护区、一级保护区、二级保护区和三级保护区等四级内容，并应符合以下规定：

1. 特级保护区的划分与保护规定：

（1）风景区内的自然保护核心区以及其他不应进入游人的区域应划为特级保护区。

（2）特级保护区应以自然地形地物为分界线，其外围应有较好的缓冲条件，在区内不得搞任何建筑设施。

2. 一级保护区的划分与保护规定：

（1）在一级景点和景物周围应划出一定范围与空间作为一级保护区，宜以一级景点的视阈范围作为主要划分依据。

（2）一级保护区内可以安置必需的步行游赏道路和相关设施，严禁建设与风景无关的设施，不得安排旅宿床位，机动交通工具不得进入此区。

3. 二级保护区的划分与保护规定：

（1）在景区范围内，以及景区范围之外的非一级景点和景物周围应划为二级保护区。

（2）二级保护区内可以安排少量旅宿设施，但必须限制与风景游赏无关的建设，应限制机动交通工具进入本区。

4. 三级保护区的划分与保护规定：

（1）在风景区范围内，对以上各级保护区之外的地区应划为三级保护区。

（2）在三级保护区内，应有序控制各项建设与设施，并应与风景环境相协调。

附录一 城市社会服务设施拼音索引

C

残疾人康复中心
残疾人中等职业学校
出入境边防检查

D

大学
党政机关
档案馆
电影院

E

儿童福利机构

F

法庭
风景名胜区

G

高等职业学校
高级技工学校
公安派出所
公共图书馆
公园
广播电视中心

J

技工学校
监狱

街道办事处
居委会
拘留所

K

看守所
科学技术馆

L

劳教所
老年服务中心
老年公寓
老年活动中心
老年学校
老人护理院
林木种苗工程
零售商店
流浪未成年人救助保护中心
聋学校
旅游饭店

M

盲学校

N

农副产品批发市场

P

普通中等专业学校

Q

强制戒毒所

R

人民检察院
弱智学校

S

商品流通设施
社区商业
社区体育设施
社区卫生服务中心（站）
射击场

T

体育场
体育馆
托老所

W

文化馆
文化活动站
文物保护单位
物流园区

X

刑场

Y

养老院
游泳设施
幼儿园、托儿所

Z

中小学
中医医院
综合医院

附录二 城市社会服务设施规划手册相关规范索引

名称	编号或文号	批准部门	实施日期	相关设施
中华人民共和国城市居民委员会组织法		全国人民代表大会常务委员会	1990年1月1日	居委会
街道办事处组织条例		全国人民代表大会常务委员会	1954年12月31日	街道办事处
中华人民共和国文物保护法		全国人民代表大会常务委员会	2007年12月29日	文物保护单位
风景名胜区条例		国务院	2006年12月1日	风景名胜区
城市居住区规划设计规范（2002年版）	GB 50180—93	建设部	2002年4月1日	社区商业
				幼儿园、托儿所
				老人护理院
				公安派出所
				街道办事处
				居委会
				文化活动站
				城市社区体育设施
				综合医院
				社区卫生服务中心（站）
				中小学
				托老所
				养老院
风景名胜区规划规范	GB 50298—1999	建设部	2000年1月1日	风景名胜区
老年人居住建筑设计标准	GB 50340—2003	建设部	2003年9月1日	老年公寓
历史文化名城保护规划规范	GB 50357—2005	建设部	2005年10月1日	文物保护单位
城市绿地设计规范	GB 50420—2007	建设部	2007年10月1日	公园
城镇老年人设施规划规范	GB 50437—2007	建设部	2008年6月1日	老年活动中心

续表

名称	编号或文号	批准部门	实施日期	相关设施
城镇老年人设施规划规范	GB 50437—2007	建设部	2008年6月1日	老年学校
				老年公寓
				老人护理院
				托老所
				养老院
				老年服务中心
城市公共设施规划规范	GB 50442—2008	建设部	2008年7月1日	游泳设施
				儿童福利机构
盲学校建筑设计卫生标准	GB/T 18741—2002	国家质量监督检验检疫总局	2003年1月1日	盲学校
旅游饭店星级的划分与评定	GB/T 14308—2003	国家质量监督检验检疫总局	2003年12月1日	旅游饭店
零售业态分类标准	GB/T 18106—2004	国家质量监督检验检疫总局 国家标准化管理委员会	2004年10月1日	零售商店
物流术语	GB/T 18354—2006	国家质量监督检验检疫总局 国家标准化管理委员会	2007年5月1日	物流园区
物流园区分类与基本要求	GB/T 21334—2008	国家质量监督检验检疫总局 国家标准化管理委员会	2008年8月1日	物流园区
中小学校建筑设计规范	GB/J 99—86	国家计划委员会	1987年10月1日	中小学
商店建筑设计规范（试行）	JGJ 48-88	建设部 商业部	1989年4月1日	零售商店
公园设计规范	CJJ 48—92	建设部	1993年1月1日	公园
风景名胜区分类标准	CJJ/T 121—2008	住房和城乡建设部	2008年12月1日	风景名胜区
城市绿地分类标准	CJJ/T 85—2002	建设部	2002年9月1日	公园
园林基本术语标准	CJJ/T 91—2002	建设部	2002年12月1日	公园
				风景名胜区
老年人建筑设计规范	JGJ 122—99	建设部 民政部	1999年10月1日	老年公寓
				老人护理院
				老年活动中心

续表

名称	编号或文号	批准部门	实施日期	相关设施
老年人建筑设计规范	JGJ 122—99	建设部 民政部	1999年10月1日	老年学校
				托老所
				养老院
				老年服务中心
看守所建筑设计规范	JGJ 127—2000	建设部 公安部	2000年8月1日	看守所
档案馆建筑设计规范	JGJ 25—2000	建设部 国家档案局	2000年6月1日	档案馆
体育建筑设计规范	JGJ 31—2003	建设部 国家体育总局	2003年10月1日	体育场
				体育馆
				游泳设施
				射击场
图书馆建筑设计规范	JGJ 38—99	建设部 文化部 教育部	1999年10月1日	公共图书馆
托儿所、幼儿园建筑设计规范（试行）	JGJ 39—87	城乡建设环境保护部 国家教育委员会	1987年12月1日	幼儿园、托儿所
文化馆建筑设计规范	JGJ 41—87	城乡建设环境保护部 文化部	1988年6月1日	文化馆
综合医院建筑设计规范（试行）	JGJ 49—88	建设部 卫生部	1989年4月1日	综合医院
电影院建筑设计规范	JGJ 58—2008	建设部	2008年8月1日	电影院
特殊教育学校建筑设计规范	JGJ 76—2003	建设部 教育部	2004年3月1日	盲学校
				聋学校
				弱智学校
社区卫生服务中心和服务站	GJBT—1040	建设部	2008年3月1日	社区卫生服务中心（站）
老年人社会福利机构基本规范	MZ 008—2001	民政部	2001年3月1日	老年公寓
				老人护理院
				托老所
				养老院
				老年服务中心
儿童社会福利机构基本规范	MZ 010—2001	民政部	2001年3月1日	儿童福利机构

续表

名称	编号或文号	批准部门	实施日期	相关设施
社区商业设施设置与功能要求	SB/T 10455—2008	商务部	2008年11月1日	社区商业
商品流通基础设施分类及规模划分标准	SBJ/T 13—2000	国家国内贸易局	2000年10月1日	商品流通设施 农副产品批发市场
档案馆建设标准	建标 103—2008	建设部 发展和改革委员会	2008年7月1日	档案馆
公共图书馆建设标准	建标 108—2008	住房和城乡建设部 国家发展和改革委员会	2008年11月1日	公共图书馆
综合医院建设标准	建标 110—2008	住房和城乡建设部 国家发展和改革委员会	2008年12月1日	综合医院
流浪未成年人救助保护中心建设标准	建标 111—2008	住房和城乡建设部 国家发展和改革委员会	2008年12月1日	流浪未成年人救助保护中心
农副产品批发市场建设标准	建标〔1991〕758号	建设部	1992年3月1日	农副产品批发市场
普通高等学校建筑规划面积指标	建标〔1992〕245号	建设部 国家计划委员会 国家教育委员会	1992年8月1日	大学
广播电视工程项目建设用地指标	建标〔1998〕18号	建设部 国家土地管理局	1998年5月1日	广播电视中心
城市普通中小学校校舍建设标准	建标〔2002〕102号	建设部 国家计划委员会 教育部	2002年7月1日	中小学
人民检察院办案用房和专业技术用房建设标准	建标〔2002〕109号	建设部 国家发展和改革委员会	2002年6月1日	人民检察院
看守所建设标准	建标〔2002〕245号	建设部 国家发展和改革委员会	2002年10月24日	看守所
监狱建设标准	建标〔2002〕258号	建设部 国家发展和改革委员会	2003年2月1日	监狱
人民法院法庭建设标准	建标〔2002〕259号	建设部 国家发展计划委员会	2003年1月1日	法庭

续表

名称	编号或文号	批准部门	实施日期	相关设施
城市社区体育设施建设用地指标	建标〔2005〕156号	建设部 国土资源部	2005年11月1日	社区体育设施
人民法院刑场建设标准	建标〔2005〕172号	建设部 国家发展和改革委员会	2006年3月1日	刑场
强制戒毒所建设标准	建标〔2005〕188号	建设部 国家发展和改革委员会	2006年3月1日	强制戒毒所
公安派出所建设标准	建标〔2007〕165号	建设部 国家发展和改革委员会	2007年10月1日	公安派出所
文化馆建设用地指标	建标〔2008〕128号	住房和城乡建设部 国土资源部 文化部	2008年10月1日	文化馆
拘留所建设标准	建标〔2008〕50号	建设部 国家发展和改革委员会	2008年7月1日	拘留所
公共图书馆建设用地指标	建标〔2008〕74号	住房和城乡建设部 国土资源部 文化部	2008年6月1日	公共图书馆
科学技术馆建设标准	建标101—2007	建设部 国家发展和改革委员会	2007年8月1日	科学技术馆
中医医院建设标准	建标106—2008	住房和城乡建设部 国家发展改革委员会	2008年8月1日	中医医院
普通中等专业学校设置暂行办法	(86)教职字010号	国家教育委员会	1986年10月18日	普通中等专业学校
城市公共体育运动设施用地定额指标暂行规定	(86)体计基字559号	城乡建设环境保护部 体育运动委员会	1986年11月29日	体育场 体育馆 游泳设施 射击场 城市社区体育设施
全日制普通中等专业学校校舍规划面积定额（试行）	(87)教基字008号	国家教育委员会 国家计划委员会	1987年3月5日	普通中等专业学校
城市幼儿园建筑面积定额（试行）	(88)教基字108号	国家教育委员会 建设部	1988年7月14日	幼儿园、托儿所

续表

名称	编号或文号	批准部门	实施日期	相关设施
技工学校（机械类通用工种）建筑规划面积指标（试行）	劳办培字（1991）18号	劳动部	1991年8月25日	技工学校
特殊教育学校建设标准（试行）	教计〔1994〕162号	建设部 教育部	1994年7月1日	盲学校 聋学校 弱智学校
中华人民共和国出入境边防检查单位建设标准（暂行）		国家发展计划委员会	1999年3月1日	出入境边防检查
党政机关办公用房建设标准	计投资〔1999〕2250号	国家发展计划委员会	1999年12月21日	党政机关
高等职业学校设置标准（暂行）	教发〔2000〕41号文	教育部	2000年3月15日	高等职业学校
强制戒毒所管理办法	公安部令第49号	公安部	2000年4月17日	强制戒毒所
劳动教养场所所政设施建设标准（试行）	司发通〔2001〕033号	司法部	2001年3月15日	劳教所
全国重点文物保护单位保护规划编制要求	文物办发〔2003〕87号	国家文物局	2004年8月2日	文物保护单位
林木种苗工程项目建设标准（试行）	林计发〔2003〕207号	国家林业局	2004年1月1日	林木种苗工程
普通高等学校体育场馆设施、器材设备目录	教体艺厅〔2004〕6号	教育部	2004年8月22日	大学
建设部关于进一步加强和改进未成年人活动场所规划建设工作的通知	建规〔2004〕167号	建设部	2004年9月29日	文化活动站
城市社区卫生服务中心基本标准	卫医发〔2006〕240号	卫生部 国家中医药管理局	2006年6月30日	社区卫生服务中心（站）
城市社区卫生服务站基本标准	卫医发〔2006〕240号	卫生部 国家中医药管理局	2006年6月30日	社区卫生服务中心（站）
城市社区卫生服务机构设置和编制标准指导意见	中央编办发〔2006〕96号	中央机构编制委员会办公室 卫生部 财政部 民政部	2006年8月18日	社区卫生服务中心（站）
残疾人康复中心建设标准	残联发〔2006〕43号	中国残疾人联合会	2006年11月22日	残疾人康复中心

续表

名称	编号或文号	批准部门	实施日期	相关设施
残疾人中等职业学校设置标准（试行）	残联发［2007］16号	中国残疾人联合会 教育部	2007年4月28日	残疾人中等职业学校
儿童福利机构设施建设指导意见（试行）	民发［2007］76号	民政部	2007年5月24日	儿童福利机构
高级技工学校标准	劳社部发［2007］27号	劳动和社会保障部	2007年7月5日	高级技工学校